莫对人生说"没空"，别对生活找"借口"

莫让人生留遗憾

一生一定要做的93件事

郁海彤◎编著

中国华侨出版社

图书在版编目（CIP）数据

莫让人生留遗憾 / 郁海彤编著. － 北京：中国华侨
出版社，2014.6

ISBN 978-7-5113-4683-4

Ⅰ. ①莫… Ⅱ. ①郁… Ⅲ. ①成功心理－通俗读物
Ⅳ. ①B848. 4-49

中国版本图书馆 CIP 数据核字（2014）第 112451 号

● **莫让人生留遗憾**

编　　著 / 郁海彤

责任编辑 / 文　蕾

责任校对 / 孙　丽

装帧设计 / 天下书装

经　　销 / 新华书店

开　　本 / 710 毫米×1000 毫米　1/16　印张 /16.25　字数 /189 千字

印　　刷 / 大厂回族自治县德诚印务有限公司

版　　次 / 2014 年 11 月第 1 版　2014 年 11 月第 1 次印刷

书　　号 / ISBN 978-7-5113-4683-4

定　　价 / 32.00 元

中国华侨出版社　北京市朝阳区静安里 26 号通成达大厦 3 层　邮编：100028

法律顾问：陈鹰律师事务所　　　　　编辑部：（010）64443056　　64443979

发行部：（010）64443051　　　　　传　真：（010）64439708

网　址：www.oveaschin.com　　　E－mail：oveaschin@sina.com

前 言

PREFACE

你的人生有过遗憾吗？你是否为曾经想做而没有做的事情而后悔过？

其实，有些事现在不做，一辈子都不会做了。如果你能早点意识到，也许能让你换个活法、换种人生。

岁月之中，有多少有意义的事情你本该做，却被忽略在记忆中了。你有多久没有陪父母散步、没有握过母亲的手了，没有提起笔给自己的儿女写一封无法用电脑字符替代的、源自肺腑的信了？

在繁忙的生活中，你能否暂且抽出身来，平静一下？想想什么是自己真正想要的？于是，你会发现，去远方旅行、在公众场合做一次演讲、参加一次葬礼，是自己一直想做却从未做的事情。

在黑暗中坐一会儿，找个时间修补某件旧物，有时看似无足轻重，今天不做，明天总有时间，于是日复一日地拖延下去，直到再无机会。有些事情现在不做，真的一辈子都不会做了，不是因为没有时间与机会，而是再无那样的心境。

其实，生活中并不缺少美，缺少的只是一双发现美的眼睛。人生中有很多种味道等着你去品味，有很多事情值得你去切切实实地做，而不只是在脑海中想象。这些事情给你带来的，哪怕只是一段

1

短暂的安宁。是时候放慢你匆忙的脚步，细细地感悟人生、品味生活了。享受亲情、爱情、友情的美好，享受旅行、自然、书籍所带给你的精神上的补给，享受那些已经陌生甚至淡忘的目标、梦想、情感，重温曾有过的美好与期盼吧。

本书像个计划表，列出了大部分人都能完成的事情，诸如去墓地冥思生命的意义、献血等。坦白地说，计划表上的每一件事，虽然很细微，大多以举手之劳便能办成，但是，如果你细细琢磨其中的每一件事，便能咀嚼出一些味道来。那些记忆、人事、风景、画面，亲切而又熟悉、温暖而又动人……如果在这其中你能感受到一股向上之力，那便是此书的意义。你拿到此书无论在何时，请你发自内心，为自己的人生、生活做一个调整和计划吧，不一定只有新年才可以是"新的开始"，我们生命中的每一天，都随时可以抛却过往，开始崭新的自我。你准备好了吗？

从现在开始，请珍惜你的时间，让人生和生活丰富充实起来吧！

目　录
CONTENTS

Part 6 | 家庭生活篇

Part 7 | 财富积累篇

Part 8 | 工作发展篇

Part 9 | 教育习惯篇

Part 10 | 自我实现篇

Part 1

性格品质篇

义无反顾地做一件自己想做而没有做的事

第 107 位诺贝尔文学奖得主秘鲁作家马里奥·巴尔加斯·略萨说："我敢肯定的观点之一是：作家从内心深处感到写作是他经历和可能经历的最美好的事情，因为对作家来说，写作意味着最好的生活方式。"生命短暂，做你喜欢做的事情，并为之付出努力。

快乐是大多数人所追求的，但是活在这个世界上，每个人都有自己的迫不得已。有些人为了金钱和地位，放弃了自己一心想做的事情，等到老的时候，空余叹、徒伤悲。每个人都有自己喜欢做但是又不敢做的事情，有些人担心一旦做了，如果失败，梦想都没有存在的意义；有些人担心做了自己喜欢做的事情，经济和生活条件都不允许。其实，人这辈子难得有自己喜欢的事情，虽说很多事情没有那么容易做，但是至少你应该争取，并为之付出不懈的努力。

秘鲁作家马里奥·巴尔加斯·略萨说："我之所以喜欢写作，主要的原因是它能给我带来乐趣，能让我沉醉其中并乐此不疲。金钱和名誉，只不过是一些可有可无的附加价值而已。"人只有在做自己喜欢做的事情时，才能找到乐趣，而快乐的生活是大多数人追求的目标。其实，每个人的一生中，总要尝试去做一次自己一直想做而没有做的事，否则最终只会让自己的人生留下遗憾。

汤姆是美国加州的一个平凡的上班族，在自己事业正值旺盛期的时候，他作了一个疯狂的决定：放下自己目前薪水优厚的工作，将自己身上的钱捐给街角的流浪汉，然后带一些干净的衣服，靠搭便车与陌生人的好心，横跨美国。听到他的决定，身边的朋友都认为这太疯狂了，很多人都对他表示怀疑。汤姆解释道："我想通过这样一件从小就向往的事，去尝试一下冒险的生活，不带一分钱，感受一下美国各地的风土人情。"

在他开始上路的时候，劳累奔波并没有让他停下脚步，因为他始终在心里面扪心自问："如果有人通知我，今天就是我的死期，我会后悔吗？"也许稳定的工作、美丽的女友和亲切的家人让自己的生活太过于顺遂，回头看看自己走过的每一段路，这辈子竟然从来都没有下过任何的赌注，也没有经历过很大的起伏。作为一个男人，汤姆想要洗刷自己平凡无奈的上半生。

在搭顺风车时，他拿出了一本日记，开始回想一些令自己恐惧的事情，然后将这些事情一一记下，他希望通过这次的探险经历，能够征服自己生命中所有的恐惧。他在一路上经历了寒冷、饥饿、奔波劳累还有黑暗，最后他再一次回到家中的时候，他很开心地和朋友们说他受过102个陌生人的帮助，然后对美丽的女友说出了自己的爱，而且他更加珍惜亲人的关爱和与他们在一起的时光。

你如果真的想要做一件事，即便是事情再怎么难，也能找到方法；如果不是很想做一件事，总会找到推脱的借口。如果一件自己很想做的事在心中藏了很多年，那么你就要义无反顾，不给自己留任何遗憾地去完成。有人曾说，人生中留有遗憾才完美，实际上人生中很多事情是不可逆转的，等到后悔的时候就晚了。但是自己一直想要做的事情，却是自己凭借能力能够改变的，为什么自己还要顾虑呢？生命是短暂的，在有限的生命中，积极地去完成自己一直梦寐以求的事情，无论结果怎样，你拼搏过、奋斗过，还会有什么后悔吗？

在墓地待上半天，冥想生命的意义

有人曾说："我们既到世上走了一遭，就得珍惜生命的价值。在某种意义上说，生要比死更难。死，只需要一时的勇气，生，却需要一世的胆识。"

生活的忙碌已经让很多人失去了对生命的思索和对生活真正含义的体会了。现代社会，由于工作的繁重，很多人都身心疲惫，根据一项关于"过劳死"的调查显示，每天工作 10 小时以上的人已经超过了 20％，生活中有 82％的人选择了每天工作 15 小时以上。在如此的强压之下，身体自然达到了承受的极限。忙碌的生活已经没有机会让人们坐下来沉思，想想生命的真正意义了。你有没有想过，你有多久没和爱人或者家人散步了？你有多久没有好好地坐下来，陪陪家人，享受一下亲情的温暖了？

王晓华是一位事业成功的企业家，他每天都要承担巨大的工作量，因为公司里面没有员工能够帮助他分担一些公司的业务。即便是每天下班，他也会拿着厚重的公文包，包里面装的全部是由他必须亲自处理的急件。

整日的忙碌与紧张，王晓华的身体每况愈下。刚过 50 岁的他，看上去像个年过古稀的老人。花白的头发，看上去很没有精神的容颜。由于夜以继日地工作和操劳，他最终在公司的员工大会上晕倒了，被送往医院进行治疗。本来以为自己的病一定很难治，没想到医生给他开的处方居然是：每天散步两小时；每个星期都要抽出半天的时间去郊外的墓地一趟。

王晓华看到这个处方很是不解，他疑惑地问："为什么要去墓地待上半天呢？这和我的健康有什么关系？"医生不慌不忙地答道："我只是希望你能够四处地走走，看看那些与世长辞的人的墓碑。当你身处墓地的时候，你可以仔细地考虑一下，他们生前或许和你一样，认为自己扛得住一切，如今却长眠于黄土之中。也许有一天，你也会加入他们的行列，但是你现在的忙碌是不是就是你人生的全部意义。"

于是，王晓华终于彻底地顿悟了其中的道理，生活的意义不在于紧张、忙碌，应当学会适当地放松。此后，只要下班了，他就放下手中的工作，在晚饭后陪伴家人散散步，并且按照医生的指示，抽出时间去墓地冥思。最后，他的事业发展顺利，王晓华在生活中也开朗很多。

我们不应该让忙碌的工作来取代自己的生活，优秀并不是靠忙碌来证实的，至少你在闲暇的时间，找机会去一次墓地，感受一下生命的意义。当你平静地将自己的思绪投于眼前的一切时，那地下的长眠者能够给你的启示就是让自己的心灵解脱，要学会适当地放松。你需要明白生活的意义并不在于忙碌和紧张，静下心来，感受生命中的平和，放飞自己被重压的心灵，让自己以轻松的姿态去工作。

向自己伤害过的人说声"对不起"

> 有效的道歉不是一种为自己狡辩的伎俩，更不是要去骗取别人的宽恕，你必须要有责任感，勇于自责，勇于承认过失，才能够真心地道歉。有些过失并不是通过向对方表达歉意就可以获得原谅的，在向对方表达歉意的同时，付诸改正过失的实际行动，往往是最真诚、最直接并且最有说服力的。

俗话说："人非圣贤，孰能无过？"做错了事情或者面对自己曾经有愧疚的人，勇于承认自己的错误，并不是一件丢脸的事情。有句话说："最先道歉的人是最勇敢的，最先原谅的人是最坚强的。"如果你是一个真正强大的人，不应该惧怕自己犯错误，更不应该惧怕为自己的错误道歉。

如果犯了错误或者有自己伤害过的人，不去勇敢地请求原谅，反而在内心不断地折磨自己，为了所谓的"个人的尊严"而不作为，其实是一种最愚蠢的行为。

心学大师王阳明说过："悔悟是去病之药，然以改之为贵。若留滞于中，则又因药发病。"无论做任何事，如果你觉得你做错了，就别再重蹈覆辙，汲取教训，没有必要感到有愧，而反复折磨自己的心绪。况且道歉并不是一件丢脸的事情，道歉是一种对过去错误的勇于承担，而不是逃避。尤其是对于自己曾经伤害过的人，更应该勇敢地说一句"对不起"。每个人应该有知耻悔悟之心，但是不应该把它看成负担。在这个世界上，每个人都有自己对不起的人，都犯过错误，但是犯错误之后能够改正，并认识到自己的错误才是最值得人们称赞的。

我们要拿得起、放得下，要能屈能伸。为自己所做的事情道歉，或者勇敢承认错误，别人不会因为你承认错误而看扁你，相反会觉得你很了不起，让人佩服。你要知道，如果某一件事情搞砸了之后，我们心里面经常纠结这件事，那么，我们的精神就会被诸多负面情绪所掌控，而处于这种矛盾的状态之中，我们自身的潜能就会受到严重的抑制，从而影响我们人生的目标和成就。我们不应该为自己做的错事隐瞒，更不应该在一件事上做错了，再错上添错。

对于自己伤害过的人，无论是男人还是女人，你都必须知道，能够被你伤害的人，都是相信你的人，对你不设防的人。对于能够被你欺骗或者伤害的人，你本身就已经辜负了他人对你的信任，如果这个时候，你不能勇敢地站出来，主动地承认自己的错误，那么你只是个懦弱者。

做事前，先告诉自己一句"我可以"

辛克莱说："一百个满怀信心和决心的人，要比一万个谨小慎微的和可敬的可尊重的人强得多。"一个人能否有成就，就看他的自尊心和自信心，对于一个优秀的人来说，自信是最好的名片。

自信是一个优秀者最具说服力的名片。自信是一个人重要的优秀品质，自信的人就像一只在暴风雨中战斗的海鸥。真正强大的人应该在暴风雨来临时，向天大声呼唤："让暴风雨来得更猛烈些吧！"自信是因为无所畏惧。一个真正自信者，总是能够感染他人，无论是你的敌人或者朋友。有句话说："自信的人，才是最美的人。"人因为有了自信，才能够勇敢地面临眼前的各种挑战。每个人通过自己的努力，都能够成为了不起的人。

如果一个人总是说："我做不好，我做不到。"任何一个人都没有信心把事情交给你，如果一个人总是因为不自信而推脱，就会失去更多的机会。要想让自己的言语够自信，首先说话要有底气，声音不能太小，同时也不能太大，否则会给人一种虚张声势的感觉。语速要适中，要抬头挺胸，低头说话的人给人一种没有自信的感觉。

想要成为一个自信的人，言谈举止就要注意，把你所说的"我不行"换成"我可以"，把"我一定做不好"换成"没问题，这个很简单，我来做好它"。这个时候你的人格魅力就会有一个大的提升，你的个人气质也会有所不同。与人交谈的时候，举止要自然，不要眼光闪烁，两只手不停地在摆弄东西，这些都会让对方觉得你不自信。

赵挺是一家公司的推销员，每一次工作的任务他总是能够很好地完成。而其他的同事业绩上总是比他要差一些。为此，公司里面的小王，总是注意观察赵挺，看看他到底在工作上有什么特别的技巧。赵挺平时在工作上对人都很热心，在有任务的时候，总是冲上第一线。小王看到有些工作自己是绝对不敢承担的，但是赵挺却在这上面毫不含糊。这个时候的赵挺看上去总是意气风发的样子，个人魅力十足。

每次办公室里面有什么事情找到赵挺的时候，他总是说："没问题的，交给我吧！保证完成。"他的微笑和他的办事效率总是让拜托他的人感到十分放心。小王从来都没有看赵挺为什么事情皱过眉头，无论在什么情况下，他总是一副自信的样子。

小王抵不住自己的好奇心，主动地凑上去，十分神秘地向赵挺打听："赵挺，你做那些事情就从来没有想过失败吗？自己万一做不到怎么办？"听到他的问话，赵挺笑着回答说："我也不是神，也有自己做不好、做不到的事情，但是人不应该在自己还没有做什么事情的时候，就先给自己下一个失败的定义，你觉得呢？"听到他的问话，小王涨红了脸。

小王终于明白了，原来赵挺就是因为充满着自信，并且时刻告诉自己"我可以"，所以，他在做事情的时候，无所畏惧，也往往因为他的自信，他才总是成功，并充满着人格魅力。赵挺因为自信，总是公司里面业绩最高的。

　　在社会中，你要是想使别人对你有信心，就必须要先对自己充满信心。自信的人可以战胜一切困难，自信是发自内心的自我肯定与相信。自信无论是在人际交往中还是事业工作上，都是非常重要的。只要你自己相信自己，他人就会相信你。

　　莎士比亚说："如果没有自信心的话，你永远也不会有快乐。"生活中，绝大多数的失败都来源于不自信。成功，往往更眷恋那些拥有自信的人，对于那些常常怀疑自我，对自己的能力不信任，凡事都想让别人帮忙解决的人，是绝对无法拥有成功的。

　　西点军校著名教官尤夫·休斯曼说："自信来自于自我尊重，一个自卑的人，是看不到这个世界的绚烂色彩的，他们总是在关键的时候，说服自己放弃目标和追求，而且内心也变得狭隘起来，这个时候，训练就变成了一种负担。"一个真正的勇士，永远不要让别人看到你的自卑。并不是你的能力决定了你的自信，而是你的自信决定了你的能力，黑人领袖马丁·路德·金曾经说过："这个世界上，没有人能够使你倒下，如果你自己的信念还站立的话。"而成功学的创始人拿破仑·希尔也说："自信，是人类运用和驾驭宇宙无穷大智的唯一管道，是所有'奇迹'的根基，是所有科学法则无法分析的玄妙神迹的发源地。"所以，你要做一个真正强大的人，修炼内心的自信心你责无旁贷。

保证自己说出的话，都经过思考

苏联园艺家米丘林说："在创造家的事业中，每一步都要三思而后行，而不是盲目地瞎碰。"没有经过思考说出来的话往往是不受听的，优秀的男人总会在自己深思熟虑后再把话说出来。

无论什么话，没经过思考就说出来的，往往都是不受听的。优秀者在语言的艺术方面和思想修为方面一定不会允许自己"不思而言"。古人早就说过，说话要"三思而后行"，因为说出去的话就如泼出去的水，想收也收不回来。一个人在说话的时候，嘴巴里说出的话毫无分寸或者尽是荒唐之言，幼稚和不成熟立刻就会显露出来。一个说话办事不稳重的人是无法取得他人的信任的，也无法给人安全感。有道是："病从口入，祸从口出。"我们每个人的嘴巴上要有个把门的，必要的时候最好上一把锁。

在任何时候，开口前都要三思而后行，千万不要让自己的嘴巴害了自己，有的时候什么话应该说，什么话不应当说要先在自己的脑袋中考虑一遍。另外，明明知道不该讲的话就不要问"当讲不当讲"，舌头总是超越思想的人，很容易因此吃亏。明智者应该做到"脑袋里有智，眼睛里有活，心里头有数，嘴巴边有锁"。这句话的意思很简单，头脑要有智慧，眼睛里要能看到活，对于任何事情看透但不说透。这才是大智慧和优秀的人应该懂得并练就的功夫。

日本近代诗人荻原朔太郎说："社交的秘诀，并不是绝口不涉及事实，而在于即使说到真实面，也不至于触怒对方。"每个优秀者最忌讳心直口快，说话不经过自己的大脑。逞一时的口舌之快，然后让自己陷入尴尬的境地，除了给自己增加敌人以外，没有任何的好处。

聪明的人在说话的时候懂得点到即可，而不是肆无忌惮地把什么话都直接说出来。一个人若总是胡言乱语，不仅仅有失自己的气质，还会降低自己的人格。所以，我们在任何时候都要给自己的嘴巴好好地把关，让自己的思想永远在嘴巴的前面把守。

遇到困难的时候，能够再坚持拼搏一次

陀思妥耶夫斯基说："凡是新的事物在起头总是这样的，起初热心的人很多，而不久就冷淡下去，撒手不做了，因为他已经明白，不经过一番苦功是做不成的，而只有想做的人，才忍得过这番痛苦。"

一个强者绝对不会被困难打倒，被困难打倒的都是懦夫。优秀者总是能够在遇到困难的时候，再坚持一下、拼搏一次，因为他们知道当自己的眼前出现黑影的时候，那是因为阳光就在自己的身后。遇到困难就退缩，这可绝对不是一个强者应该做的事情。

每个人在这个社会上生存，都不能是一帆风顺的，都会遇到这样或者那样的困难，但是相同的困境，却有不同的结果。那是因为

有的人遇到困难，选择继续拼搏，而有的人则是不断退缩。

优秀者都知道"生命不息，战斗不止"，要让自己成为一只"打不死的小强"。一个在厄运面前不绝望的人，注定是一个永远不会被生活打垮的人。要知道生命原本就是一场无形的赌博，在没有绝望之前，你必须赌下去，你要知道没有永远的赢家，也没有永远的输者。败给别人并不可怕，可怕的是你败给了懦弱的自己。

21岁的胡成在大学毕业的前夕，陷入了窘境。因为父母早逝，胡成从小和自己的姑姑一起生活。所有的事情都听从姑姑的安排，他在大学毕业的时候有了自己的梦想，那就是成为一名戏剧界的明星。但是姑姑希望他在自己的城市考取公务员，以后像姑父一样，在机关工作。虽然胡成已经过了18岁，有选择自己梦想的权利，但是自己毕竟是姑姑养大的，胡成既不想让自己的姑姑伤心，也不想放弃自己的梦想，于是一场争执就开始了。恰巧在这个时候，有一家戏剧学校要招生。于是，姑姑对胡成的要求，如果考不上的话就必须服从她的安排。

为了能够考上这所戏剧学校，胡成还颇费了一番心思。他为自己精心地准备了一个小品，自己表演一个收割的农村小伙子，还要进行一场乡村爱情。另外，他在考试前几天，寄给戏剧学校一个棕色的信封，如果自己失败了，那么棕色的信封就会退回来，如果自己通过了，就给他寄来白色的信封，并告诉他入学的日期。

考试的时候，胡成抬头挺胸地走向舞台的正中央，他微笑着，并向台下第一排的评判员们鞠躬，然后开始进行自己的表演。当他要说出自己的第一句台词时，他很快地瞥了评判员一眼，惊奇地发现评判员们正在聊天，相互大声谈论着，并且比画着。见此情景，胡成非常失望，连台词也忘掉了。他还听到裁判团主席对他说：

"停止吧！谢谢你……先生，下一个，下一个请开始。"

听到这句话，胡成彻底失望了。他好像什么人也看不见、什么也听不见，在舞台上待了30秒就匆匆下台。他感到自己唯一能做的一件事就是去投河自杀。他站在河边，准备结束自己的生命，当他的目光投到河面上时，发现水是暗黑色的，发着油光，肮脏得很。此时他猛然想到的是，等他死了以后，别人把他拖上岸后身上会沾满脏东西，还得咽下那些脏水。他又犹豫了："唔！这样不行。"于是就放弃了自杀的念头，回家去了。

结果，令人意想不到的是第二天，有人给他送去了白信封。他欢喜极了，知道自己有机会去戏剧学校学习了。在校园里，他遇到了那天的那位评判员，便问道："请告诉我，为什么在初试时你们对我那么不好，就因为你们那么不喜欢我，我曾经想去自杀。"

"不喜欢你？"那位评判员瞪大眼睛望着他，"帅小伙，你真是疯了！就在你从舞台侧翼走出来，一来到舞台上的那个瞬间，而且站在那儿向着我们笑，我们就转身彼此互相说着：'好了，他被选中了，看看他是多么自信！看看他的台风！我们不需要再浪费一秒钟了，还有十几个人要测试哪！叫下一个吧！'"

没有到最后一步，你永远都不可能知道结果是什么样的。你在任何时候，都不要因为一点挫折或者失败就放弃自己，认为自己很无能。要知道许多人一旦遇到了困难或者挫折的时候，首先放弃的往往总是自己的梦想。其实一个人的梦想应该是与自己共存亡的东西，千万不能放弃。磨难是生活中的严师，只有强者才能成为它最得意的门生，也只有强者才能历经磨难，生存得更加美好。

每天反思半小时，看看自己哪里做得不够好

德国著名抒情诗人海因希里·海涅说："反省就好像一面镜子，它能将我们的错误清清楚楚地照出来，使我们有改正的机会。"每天拿出半小时的时间，仔细地回顾自己的一天，看看自己哪里做得不好，是不是可以有所改善。

一个善于反省的人，总会有所成就。每个人都不可能是十全十美的，总有这样或者那样的缺点，有的时候我们自己做了错事却不自知，等一切都来不及的时候才会有所醒悟。忙碌的生活、快节奏的工作，很多人都不知道自己到底是一个什么样的人，在生活和工作的重压下，男人只顾着低头忙碌手头的工作，似乎完全没有机会反思自己的过失。其实我们每天除了 8 小时的工作，余下休息吃饭的时间还有很多，每天拿出半小时的时间，仔细地回顾自己的一天，看看自己哪里做得不好，是不是可以有所改变。

人们很容易看到别人身上的缺点，但是对于自己的缺点却视而不见。一个整天抱着自己缺点的人，是不会进步的。一个人倘若要在生活中获得一个大的提升，首先必须懂得有自知之明，敢于承认自己的不足，并能够根据自己的不足有所改变。我们都知道唐太宗李世民就是一个善于反思的人，因为他善于反思，所以开创了唐朝"贞观之治"的盛世。荀子说："君子博学而日三省乎己，则知明而行无过矣。"这句话就是告诉我们通过广泛地学习并随时检讨自己

的言行，这样才能达到一种"世事洞明皆学问，人情练达即文章"的境界。

周晓鹏是一家公司的职员，他在公司里面是小组的组长。公司里面有什么事情的时候，他总是首先知道，然后分配给下面的职员。公司小组的员工几乎都要听从他的差遣，接受他的任务分配。有的时候任务比较急，周晓鹏的语气就会比较急促，有的时候任务做不好，他还会批评下面的人几句。

"小李，我让你做的图，完事了没？很久了，你能不能提高点效率？"周晓鹏怒吼道。

"周组，再给我半天时间吧，就差一点了。"小李愧疚地说。

"王虹，材料分析表什么时候能交，你能不能长点心？"周晓鹏问。

"周组，今天下午2点前一定交上，保证没问题。"

一天的忙碌，拖着疲惫的身躯，周晓鹏躺在沙发上，闭着眼睛开始总结自己这一天。忽然听到妻子打电话和妹妹抱怨道："我们组的组长一点人情味都没有，我是女人啊！不要自尊吗？说话太难听了……"

听到这里，周晓鹏忽然间觉得自己今天对小李和王虹都有点过分。他想："如果小李那件事自己当时能够将'我'换成'我们'，语气上会不会更好、更亲切一些呢？或许我可以这样说'小李，咱们组的图做好了吗？最好能快一点，你作图我觉得一直都很棒，这个加点速度对你应该不是问题，是吧！'这样说话会让小李受到鼓励，而且也觉得组内的员工都是一家人。"

周晓鹏躺在沙发上继续思考，而且自言自语道："王虹，咱们组的材料分析表全靠你了，今天如果能交，相信是最好的。"

第二天上班后，周晓鹏一改昨日的气派，把自己反思后的想法表现出来，果然员工们跟自己都亲近了，而且大家在工作上也有了劲头。在快乐的氛围下工作，周晓鹏感觉自己的压力也减轻了许多。

善于反思应该是优秀者具备的道德品质，善于反思，看到自己身上的不足，才能更加懂得尊重别人，也能够获得别人对自己的尊重。一个人每天的反思就是为了能够及时纠正自己的过失，优秀者切记不要妄自尊大、唯我独尊，这些与反思都是背道而驰的。善于反思和自省的人才能找准自己的人生坐标，明明白白地存活于天地之间。每一天给自己半小时的时间来反思，才能有所悔悟，让自己每一天都有一点小进步，这样日积月累才能成为一个优秀的人。

要成为一个优秀的人，绝对不要拒绝反思，害怕从自己的身上看到缺点。有道是"磨刀不误砍柴工"，每天反思正是为了提升。有些人每天忙忙碌碌，勤勤恳恳，似乎永远也忙不出头来。但是工作的业绩却不理想，伐木需要磨斧子，很多人只知道伐木，每天按部就班地忙碌，却忽略了磨斧子。无论多么地忙碌，我们每天总要留点时间来思考，静心地梳理一番，自己当天繁杂的事务，从中理出一个头绪来，看看工作中自己有没有什么失误，能否改进一下工作方法，提高一点劳动效率。想想和上司、同事在这一天的相处中，自己说的话、做的事是否得体。如果我们经常反思自己的行为，就会更加清醒地认识自己，减少失误，摆脱困惑，从而创造出生活的奇迹。

每天记住一件幽默的事情

即使处境危难，也要寻找积极因素。这样，你就不会放弃取得微小胜利的努力。你越乐观，你克服困难的勇气就越会倍增。不要把悲观作为保护你失望情绪的缓冲器。乐观是希望之花，能赐人以力量。

如果一个人每天想的都是一些令自己不开心的事，那么时间久了，他就会变成一个消极悲观的人。倘若一个人每天都能想到一些幽默的事情记住，那么他的脑海中将被这些开心的事情围绕着，他也将是一个乐观的人。一个生活的强者一定不能是一个悲观主义者，如果你想要培养自己成为一个强者，就要拥有乐观的心态，首先你需要每天记住一些开心或者幽默的事情。对于那些不开心或者严重影响心情的事情，应该选择主动淡忘。其实外在世界一切的感受都是人主观的感受，有的人看到了悲观的场景就会先给自己下个失败的定义，而有些人无论场景如何悲观，在他的心里面，只要自己肯努力，一切都可以改变。

你如果想要让自己时刻都充满干劲，首先你需要拥有一个健康且乐观的心态。一个人只有在乐观的心态驱使下，才有可能做出一些成绩来，而一旦内心被一团乌云所笼罩，那么世界都是阴暗的，我们做任何事情都会觉得没有意义。想一些幽默的事情或者告诉自己每天只记住那些幽默快乐的事情，那么在这样放松快乐的心态下，即使外面的世界狂风暴雨，那么我们也能够气定神闲，安稳的心岿然不动。因为一个在积极乐观心态笼罩下的人，就犹如内心充满阳光，心若向阳，无谓悲伤。内心已经被阳光占满，阴霾便无处逃遁。

秦凯是一家快递公司的快递员，每天在城市的每个角落都要跑一遍，送快递取快递。这种工作通常都是风雨无阻，日晒雨淋，有的时候还会因为个别的情况而不能正常地休息和吃饭。作为快递员，秦凯也不能像一些正常在办公室里的工作者，能够享受双休的假期。和女友约会的时间都没有，有的时候下班了，女朋友都会因为他没有时间陪自己而生气。本来这些事情已经够让人恼火了，有的时候还经常因为同事拿错任务而导致秦凯被领导训话。

虽然生活有这么多的不如意，但是秦凯无论什么时候看上去都是一副快乐的样子。他每天都是开开心心地上班，晚上下班都是吹着口哨美滋滋的。同事邹帅看了之后，觉得非常地不可思议，就问秦凯："秦哥，你有什么美事和大家分享分享，怎么看上去那么高兴呢？"听到邹帅的问话，秦凯笑着摇摇头。

秦凯回到家里，拿出自己的笔记本电脑，在自己的博客中写道："今天去52号楼送快递的时候，客户在门上写着'快递大哥，我等你等得好辛苦，很想你，可是我因为临时有急事，所以麻烦你将礼物放在楼下的收发室，我自己去取，好吗？'"秦凯觉得这个写纸条的人一定是一个很可爱的人。闲着无聊，秦凯翻到了上一篇博文，只见上面写道："今天给一个阿姨送快递，因为天冷，又赶上中午，那位阿姨人特别好，给了我一袋热牛奶，好人真多啊！"想到这些事情，秦凯的思绪就被带到了当时的情景，他美滋滋地躺在沙发上睡着了，脸上露出了甜蜜的笑容。

你如果每天在自己的记忆中植入一些幽默的事情，那么你的回忆中，快乐就占着重要的部分。如果每天都记一些不开心的事情，时间久了，自己就会被这些不开心的事情所感染。其实这就是一个心态的选择问题，心态是依靠自己来调整的，只要你愿意调整，你就可以给自己一个正确的健康的心态。改变心态，就是改变人生。有什么样的心态，就会有什么样的人生。要想改变我们的人生，其第一步就是要改变我们的心态。只要心态是正确的，我们面对的世界将会更加美好。

想要成为一个优秀者，当然不能每天情绪低落，把一切正常的生活都当作世界末日一样悲伤。作为一个对生活时时刻刻都充满希望的人，你必须清楚，希望是自己给自己的，你所有的快乐和希望都来自于自己的心态。每天给自己一个快乐的理由，让自己去记住生活中开心、幽默的事情，那么你也会开心起来。你的魅力就在于你举手投足之间都充满着乐观和自信，而乐观幽默的人在人群中也是最受欢迎的。能够每天都讲出一个幽默事情的人，也能够感染身边的朋友，同时也会是一个受欢迎的人。

在公众场合演讲一次，克服自卑心理

艾琳诺·罗斯福说："恐惧是世上最摧折人心的一种情绪。我与它抗战，并借着帮助情况不及自己的人们，而克服了它。我相信，任何人只要去做他所恐惧的事，并持续地做下去，直到有获得成功的纪录做后盾，他便能克服恐惧。"狂妄的人有救，自卑的人没有救。

在工作中，每个人都应该争取一次当众演讲的机会，在众人面前展现自己，让大家认识自己。一个当众演讲的机会，这样不仅可以充分地展现你的实力，还可以让你自己克服自卑的心理，找到自信。当你展现着自己精心的准备，一串串精彩的话语从你的口中源源不断地出来，你的听众被你深深地吸引，当那些听众为你鼓掌，你此刻就是一个具有十足魅力的人。自卑感是一个人最大的敌人，如果你无法正确认识自己，就不可能抓住稍纵即逝的机会，或者需要投资时畏缩不前，而让机会白白地溜走。自卑感是一种阻碍成功的无形的敌人，它使人丧失信心、自我意识过强、不安和恐惧。

一个人倘若身上具有自卑的特质，那么怎样看都不会是优秀的。自卑的产生有多种因素，有的是因为常常被家人责备或嘲弄，有的则是因为溺爱而造成自卑感。当然除了家庭因素，外界的一些评价和态度也会造成一个人的自卑感。一个人如果因为家庭条件困难，遭到了现实强烈的反差和对比，就会变得愤世嫉俗，自身的自卑感就会扩大。如何克服自己的自卑心理，当众演讲是一个不错的方法。而且当众演讲也可以满足一个人备受瞩目的需要。你的演讲一定是经过自己精心准备的，当你将自己精心准备的东西分享出来的时候，你就能够感受到大家对你深深的敬佩。

黄焕成是一家婚庆公司的策划编稿人员，他写得一手好文章，但是却从来没有站在婚庆的现场，为新人组织过一场漂亮的婚礼。往往因为他的胆怯，具体实施都是公司的同事小强帮忙完成的。所以，有很多结婚的人都会到公司里面找小强去主持自己的婚礼，却很少有人知道那些优秀的婚礼主持演讲稿都是默默无闻的黄焕成写的。虽然自己的心里面也有些遗憾，但是他也没有什么好说的，因为毕竟这样的现状是自己造成的，自己的选择，谁让自己不敢在人多的时候演讲或者主持呢？

黄焕成在这一年里，所有的主持演讲稿是全公司总成绩第一名，经理让黄焕成自己准备一份演讲稿，并说一说自己的来年计划，同时能够讲一讲自己的写稿技巧和技术。黄焕成在很短的时间里，就写完了演讲稿，但是自己一想到自己要当着全体员工的面演讲，手脚还是发凉，脸上不停地流着汗珠。而且嗓子发紧，感觉自己发不出声音来。

黄焕成的朋友小赵听说了这件事，很高兴地说："老黄，这是一个好机会，你终于有机会让所有人知道那些稿子都是你写出来的，而且你终于有机会让大家看到你有多优秀了。"虽然朋友小赵说的这些话也是黄焕成心里面想了很久的事情了，但是自己一想到当众演讲的恐惧，自己就紧张得不能正常说话。

后来，因为黄焕成这种状况是不能代替演讲的，只能他自己上去演讲，看着同事们意气风发的表现，黄焕成紧张得走路都站不稳。他虽然做了充分的准备，但是紧张的心情并没有消退。他站在了台上，极力地克制自己的紧张情绪。他脸色发白，手心里面全都是汗，他向大家介绍自己的时候，说话的声音都在颤抖。由于过度紧张，自己手上准备的稿件都被他攥湿了。

看到他的表现，大会上的一些人开始发出了笑声。听到笑声，黄焕成更加紧张，他的手开始变得冰凉，说话也变得结结巴巴。他强忍着吞咽口水，在心里默默地提醒自己，不要紧张，尽量克制。忽然朋友小赵出现在大会后面的角落，由于没有站稳，摔倒在地上。黄焕成看到了这一幕，笑了一下，结果他发现自己的紧张情绪消除了一大半，接着顺势演讲起了自己的稿件，下面的听众不时点点头，随后报以热烈的掌声。

通过这一次的演讲，黄焕成对演讲和主持产生了浓厚的兴趣。

他不再有抵触的情绪了，而是对于自己的演讲很热衷，后来他的客户越来越多，收入也越来越多了。

如何克服自卑的心理，专家告诉我们，面对大庭广众讲话，需要巨大的勇气和胆量，这种办法可以说是克服自卑最为有效的方法。其实当众讲话，谁都会害怕，只是程度不同而已。为了克服自卑，树立信心，我们一定不要放过每一次当众发言的机会。在我们周围，有很多思路敏锐、天资颇高的人，却无法发挥他们的长处参与讨论。并不是他们不想参与，而是缺乏信心。一个人如果不能给自己一次机会演讲，不能够抓住这个机会证明自己，那么他便不能算作一个优秀的人，一个惧怕舞台，惧怕众人目光的人，又如何是一个勇敢的人呢？

人为什么会在公众场合沉默寡言？因为自卑的人都认为自己的意见可能没有价值，如果说出来，别人可能会觉得愚蠢。但是当自己一次次在沉默寡言中安逸，那么便越来越失去真实的自己。

对任何事都保留一点童心

请保留一份单纯，使你多一份与人的友善，少一些心灵的冷漠麻木；请保留一份单纯，使你多一份人生的快乐，少一些精神的衰老疲惫；请保留一份单纯，使你多一份奋进的力量，少一些故作高深的看破红尘。童心无价。拥有了童心，你便会拥有天真纯洁、无私无邪的品格；拥有了童心，你便会忘记生活中的琐屑愁事，快乐地面对人生；拥有了童心，你便会懂得如何面对生活，享受生活。

　　很多人小的时候盼望长大，长大的时候又希望自己能够回到童年。人在长大之后希望自己能够回到童年，是因为童年的天真无邪让人们没有那么多的烦恼。在现实的生活中，没有几个大人会抛开一切束缚，加入到孩子们的游戏中去，然而往往只有孩子们知道怎样度过大好时光，怎样把最乏味的环境变成有趣的乐园。而成年人从不会让自己从山坡上滚下来或去捉迷藏。我们不可否认，在披满荆棘的成长路上，我们那颗纯真的童心已蒙上灰尘，失落在某个未知名的角落。

　　其实每个人都在内心深处藏着一份天真。孩子为什么会开心快乐，因为同样地在草地上打滚，他们不在乎把衣服弄脏和别人如何看待。孩子们懂得让自己的心完全沉浸在生活的欢乐中，他们在面临一切的时候都能泰然处之，顺其自然，不会像大人那样，有自己的想法。即便是你现在已经八面玲珑了，还是希望能够保留一份童心给自己，至少这样你的生活会有一些轻松和快乐。

　　张成刚下班回到家，发现姐姐的儿子小宝正坐在沙发上看动画片。他坐在小宝的旁边，偷偷地注视着这个小孩子。小宝一会儿被动画片中的场景逗笑，一会儿又站在那里凝神不动。看完动画片，小宝拿着自己胖乎乎的小手放在张成刚的手中，然后让他猜自己的手有多少度，张成刚被小宝逗得哈哈大笑。

　　弟弟张成峰刚和女友分手了，心情很不好，一个人坐在窗台上望着窗外。小宝凑上去问："小舅，你怎么不开心了？"妈妈叫小宝："不要给舅舅捣乱，过来这边玩。"小宝天真地说："小舅，是不是那天来咱家的阿姨不和你玩啦？"当小宝问出这句话的时候，屋子里的空气瞬间被凝固住了，大家都神情紧张起来。小宝妈妈刚要过去抱小宝，没想到小宝的一句话把小舅逗笑了，他说："哎，我也好愁啊，隔壁的莹莹也不和我玩了，女人真善变。"

看到张成峰笑了，大家总算松了一口气。张成峰问小宝："莹莹不和你玩了，你要怎么办呢?"小宝说："可是我还有徐璐璐啊！总要多给自己多准备几个好朋友，没有了一个还有一个呢！"张成峰看着小宝，笑着说："可是舅舅本来想让那天来咱家的阿姨做你舅妈的啊，可是她不同意，不要舅舅了。"小宝说："可是舅舅你长得这么帅，为什么不让秋玲阿姨做我的舅妈呢? 我不喜欢那天的那个阿姨，她嫌小宝脏，还不让我牵她的手。"

听到这句话，本来心情不好的张成峰立马开心起来，他抱着小宝说："小宝是一个大宝贝，舅舅不嫌你脏。"张成峰已经分手的事被张成刚的同事秋玲知道了，她一直觉得张成峰也是一个和小宝一样可爱的男人，于是主动要求和他在一起。

很多世界上伟大的灵感都是在放松和欢笑中领悟出来的，童心能够帮助我们获得快乐和轻松。备受社会压力和重负的你，不要让自己的童心一度搁置。在这个纷繁复杂的世界中，做任何事情时，都能为自己保留一颗童心的人，就不会感受到肩膀上的压力那样沉重，更会拥有永久的笑容。有的时候，你就是需要那样一份童心，不怕被人议论，过自己真正的生活，不是整天地工作和不知娱乐，不让自己变成工作的机器，而是有思想的人。

每天做一件善事，寻找生活的另一种意义

威特博士曾经说过："我们赤条条地来到这个世界，又赤条条地走。生命中实际能做的，就是把它奉献出去。"能够帮助别人的时候，自己的价值也得到了升华。有句话说，"勿以善小而不为"，人要养成一种随时随地行善的习惯，在自己不断行善的道路上，也会越走越顺畅，越走越宽。

在很多人看来，生活的意义在于实现自我的价值，自我的价值是什么？我们必须知道自我价值不仅仅是帮助家人获得经济的来源，满足自己和家人的幸福和快乐，同时也应该让你周围的人享受到你的劳动、时间和快乐。现在很多人为了满足自己的私欲，开始变得如同行尸走肉一般。其实我们必须知道实现自我价值的最高境界是为了大家而奉献你自己，这样你的生活会拥有更高的质量和目的。当你看到更多的人因为你的惠及而开心快乐的时候，你的工作和生活一定与以往有很大的差别。

作为一个优秀的人，你应该保持每天做一件力所能及的善事，每天惠及到一些人，让一些人能够感受到你的劳动和真诚。每个人都应该保持一颗善良的心，做一个健康阳光的人。我们每天沐浴在温暖的阳光之下，其实也是在间接地享受了他人善意的帮助。生活的意义你能够从中感受到你以往感受不到的，当你向其他人表达了自己的善意，那么其他人也会给予你回报，也会因此而获得更多的

快乐。

颜夕的男朋友惠泽是一个人人称赞的"好好男友"，他为人很热心。一次去颜夕的公司去看她，带了很多好吃的，分给了颜夕的同事和朋友，还请大家多多照顾颜夕。大家心里面都很高兴，因为平时没少吃惠泽的东西，所以，大家对颜夕百般照顾。

颜夕的朋友小雨下班，没有等到公交车，因为和颜夕同路，所以，惠泽就顺便拉着小雨和颜夕一起，小雨在心里面特别感激颜夕和惠泽。颜夕邻居的陈阿姨因为年纪大了，而且很霸道，谁也不敢说她，她就经常将垃圾扔在小区的门口或者颜夕的窗下，有的时候就会散发出一股难闻的味。颜夕很气愤，想要找陈阿姨理论。惠泽拉住颜夕，告诉她不要和老年人计较，于是每天早晨上班都主动提着陈阿姨扔的垃圾，然后将这些垃圾扔到垃圾箱中。时间久了陈阿姨就不好意思了，颜夕住的小区再也没有出现过乱扔垃圾的现象。

惠泽每一次上班的时候，他都会主动在门口帮忙，让一些骑着车或者手上提着重物的人可以方便一些，进入小区。惠泽有的时候还会帮助食堂的阿姨主动端菜，或者在公交车上面主动让个座位给有需要的人。虽然惠泽并没有做过什么大的事情，但是这些充满爱心的小事却让惠泽成为了最受欢迎的人，成为了很多人们心中的好好先生。

很多时候，我们那些力所能及的小事也许只是举手之劳，但是对于很多需要帮助的人来讲，你就是上帝派来的天使。你每天做一件善事，哪怕只是一点点小事，时间久了，也会积累成大事。人类的生命并不是单纯地存在的，当我们发自内心地去尊重他人的时候，他人也会被我们的意识所影响，也会尊重我们。你如果每天至少做一件善事，让周围的人也能享受到你的劳动、你的时间和你的快乐，这样你也是找到了一条最好的路，使自己的生活也充满健康向上的精神。

能够帮助别人的时候，自己的价值也得到了升华。如果一个人被问及曾经做过什么惠及大家的事情吗？恐怕我们的自尊都不允许他回答出那"没有"两个字。很多人对于自己做出惊天动地的大事都是雄心勃勃，但是对于生活中的那些小事却不屑一顾。其实，真正打动人心的往往都是那些不起眼的小事。况且人这辈子能够做出惊天动地大事的人实在是不多。作为一个优秀的人，大事要做，小事也不能丢下，况且每天做一件善事并不是一件很困难的事情，何乐而不为呢？

Part 2

生活感悟篇

每年给自己做个身体检查，了解自己的身体状况

生活中有许多人往往忽视自己的健康。智者要事业不忘健康，愚者只顾赶路而不顾一切。男人，如果你有一万种功能，你可以征服世界，但是如果你没有健康，一切只能是空谈。

日常的生活中，每个人都认为自己的身体很健康，实际上有很多潜在性的疾病却是我们在不知不觉中发生的。生活中的许多人都是感觉自己的哪一个部位不适，才到医院进行检查，这个求医的过程，不仅耗时，而且花费巨大。这就是平常人每年都要做体检的原因之一。体检中心的健康专家表示，对于健康人来说，每年做一次体检，必不可少。尤其在社会生活中，多数都市人都要承受极大的心理压力和生活压力，这些压力有的时候会影响到你的健康。所以，我们很有必要每年给自己做个身体检查，将一些潜在的疾病消除于无形，从而更好地面对工作和生活。

人们需要转变自己的观念，重视自身的保健。在日常的生活中，还要学会释放紧张情绪，调整好心态，并且坚持"四项原则"，即日行八千步、夜眠八小时，三餐八分饱，一天八杯水，保持身心健康，不给疾病以可乘之机。

小陶是一个年轻有为的男人，才三十出头就已经拥有了自己的爱车和豪宅。30 岁之前的拼搏和奋斗让小陶成就了自己下辈子的幸福。现在一切都准备妥当了，该用心地找个妻子，然后继续努力

工作，为了自己的家庭而战了。为了保证自己婚后继续能够过上舒适的生活，他在结婚后的一个月后，又开始继续忙碌于工作之中。就连过年休假的几天，小陶也要忙着走访亲戚，送礼品，一年到头没有时间是真正休息的。

小陶的很多朋友都去例行体检了，小张对小陶说："走啊，去体检去啊！"小陶说："体检干吗？你看我这么健康，干吗浪费那个时间和金钱呢？"小陶从工作起到结婚后，8 年里，从来没有体检过。而且他一直觉得自己很健康。直到有一天，小陶忽然在办公室晕倒了，被送到了医院，原来是因为平时过度劳累，使他的胃部出现了大面积的溃疡造成的。在小陶看来，胃病几乎人人都有，而且只是程度不同而已，这点"小病"根本就不用放在心上。

虽然患了胃病之后，小陶工作上有所收敛，但是平时人际交往也不能落下。经常和朋友出去吃饭，回家还要熬一会儿夜，忙一忙自己一天内没有完成的工作。由于胃部的疾病并没有得到重视，每年的例行体检，小陶照样是不参加，他将自己的精力主要放在工作和家庭上，胃部疼痛他也只是根据民间的偏方，自己治疗。有一次，疼得受不了才去医院，但是这一次的检查却给小陶晴天霹雳一般的消息。他得了胃癌，而且已经无法进行任何的治疗了。

他虽然是一个男人，但是却第一次大哭了。在病房里，他抱着年轻的妻子和才几个月大的儿子。他心有不甘，但是一切都来不及了，这都是自己平时对于自己的健康太大意造成的。

健康问题应该引起人们的重视，一个优秀的人绝对不能是一个"病秧子"，没有一个健康体魄的人，如何奋战在工作和生活的第一线上。人们一定要知道，很多疾病都是没有在时间上有效地阻止，才会变得不可收拾。

　　我们不仅要一年做一次体检，了解自己的身体状况，还要有一份自己的体检计划，在体检前，应该按照医生的叮嘱，着重安排几种常见疾病的检查项。健康是一切的基础，定期体检可以让你用最少的付出，在最早的时间发现危及自己健康的身体警讯。定期做体检是为了及时发现患病的"苗头"，做到"有病治病，无病防病"。

选择一周的时间，做个素食者

　　爱因斯坦说："我个人认为，单凭素食对人类的影响，就足以证明吃素对全人类有非常正面的感化作用。"

　　我国有一首著名的"十叟长寿歌"，其中的一句"淡泊甘蔬糗"充分地说明了布衣蔬食的宁静寡欲生活有利于健康长寿。现在的生活中，很多人都是"无肉不欢"的类型，每顿饭都要有荤腥，实际上长时间食用肉食和荤类的食物，人体的胆固醇和脂肪就会升高。现在很多人认为，以素食为主，是人类长寿的秘诀之一。蔬菜和水果含有丰富的维生素 C 和维生素 B_2，能促进细胞对氧的吸收，有利于细胞修复，可增强机体抵抗疾病的能力，还具有防癌作用。优秀的人为了自己的身体健康，首先至少有一个星期让自己做一个素食者。

　　根据联合国数据显示，全球温室气体中有 18% 来自肉制品的生产和消费，这比汽车尾气排放的危害还要大。你选择一个星期的时间，让自己做一个素食者，这不仅仅是因为身体的健康，更是来自人性的选择。甘地说："对我而言，羔羊的生命和人类的生命一样珍贵，我可不愿意为了人类的身体而取走羔羊的性命。我认为越是无助的动物，人类越应该保护它，使它不受人类的残暴侵害。"没有买卖就没有杀害，不仅仅是一句简单的广告词，少吃一些肉食，就会少一部分的动物被残忍杀害。

被誉为"花城"的比利时将每周的周四定为"素食日"，鼓励居民们在那一天不要吃肉类的食物，而改吃素食。西方的很多国家都在每一周中至少有一天是吃素的。来自比利时根特市的小伙子麻吉菲尔特，看上去很健康，健壮的体魄让很多人对他的生活习惯产生了好奇。麻吉菲尔特介绍说："我们家的人至少每周中有一天到两天的时间，只吃素食。我的奶奶今年已经93岁了，爷爷也97岁了，他们的身体很健康，至今还能够正常参加体育锻炼。"

很多记者问麻吉菲尔特："素食主要以哪些食物为主？"麻吉菲尔特回答说："我们家周围餐馆的菜单上没有猪肉、鱼肉和海鲜类的菜肴，主要是大豆点心、无蛋蛋黄酱和茄子，这些平时人们喜欢吃的食物，成为了那里的招牌菜。我和家人经常去吃，有的时候自己也会在家做一些其他的素食。"

在根特市，为了宣传素食，很多著名的大厨和作家菲利普·范德巴拉克还特地在市政厅为居民上一堂美食烹饪培训课，麻吉菲尔特是这里常来的听众。虽然是素食，但是经过那些大厨和教授的讲解，素食也变成了像肉食一样美味的食物。推动"素食日"计划的市议员汤姆·巴尔特扎说："这并不是强制，我们只是希望这个城市能够拥有可持续、健康的生活。"

蔬菜中还含有钙、磷、铁、钾、镁等元素，对保护心血管系统、预防动脉硬化的发生有重要作用。据世界卫生组织统计，目前，引起老年人死亡的常见病因是心血管疾病。中老年人多吃素食，对防止冠心病、高血压有利。同时，也可防止糖尿病、肠癌等病发生。你如果能够有一个自己的"素食日"或者"素食周"，对于健康相当于投保，为自己的健康做了一个免费的保险，同时吃素食能够保持你的身材，避免过于臃肿和肥胖。素食减肥的方法，也是现在国际上应用最广、最健康的一种减肥方法。

早上起床，拿起镜子先对自己微笑

罗曼·罗兰说："开朗的性格不仅可以使自己经常保持心情的愉快，而且可以感染你周围的人们，使他们也觉得人生充满了和谐与光明。"微笑是人类最好看的表情，是一句不学就会的世界通用语。

微笑是上帝赐给人类的特权。任何东西都可以丧失，就是不要丢失笑容。优秀者一定具有迷人的笑容，每天早上起来，拿起镜子先给自己一个微笑。每天出门的时候，请保持微笑。世界名模辛迪·克劳馥曾说过这样一句话："女人出门时若忘了化妆，最好的补救方法便是亮出你的微笑。"可见微笑的魅力有多么的大。

任何一个人都喜欢看到对方的微笑的脸，谁都不愿意整天对着一副哭丧着的脸。如果我们对别人露出微笑，只要他人跟你没有深仇大恨，那么他也会回以一个温暖的表示。而如果我们对他露出不悦之色，哪怕只是一瞬间的表情，也会让他在内心或外表对我们不满。

有人说:"微笑是人类最好看的表情,是一句不学就会的世界通用语。"的确如此,微笑是一种乐观的心态,微笑是人们应对一切的撒手锏。面对突如其来的状况,优秀者通常都会很淡定地微笑,然后从容面对眼前的一切,而普通者则会抱怨老天的不公,整天愁眉不展。相比较之下,你可以感受到这两种人,哪一个能够给你带来安全感,哪一个更有魅力。有句古话说得很好:"笑一笑,十年少;愁一愁,白了头。"的确是这样,整天摆出一副苦瓜脸,这样的人谁愿意接近他呢?

有个男孩因为一场车祸,坐在轮椅上,从未站起来过。自此之后他不愿与别人接触,整天蓬着头肿着眼,一语不发,透过玻璃望着灰色的天。他觉得自己这辈子都没有任何的希望了。

突然有一天,他像以往一样,坐在阳台边,虽然天气晴朗无比,但是在他眼中,仍然是昏暗沉沉,正当他灰心丧气的时候,他不经意地看到住在对面的女孩看见了他,并送来了微微一笑。突然间,他感到心中一震,觉得自己不该再这样下去。从此,他每天都阅读大量书籍,不断投稿写稿。

后来他拿到了获奖证书。当他面对着成千上万封读者来信,当他成为著名作家后,有人问他,当初是什么让他走出困境的,他想到了那微微一笑,然后回答说:"是微笑,乐观地面对一切困难。"此后他决定自己也要对更多的人微笑,并鼓励他们都微笑着走出困境,走向成功。

古希腊哲学家苏格拉底曾经说过:"在这个世界上,除了阳光、空气、水和笑容,我们还需要什么呢?"微笑就是一个人漂亮的明信片,在任何时候,我们都要将微笑挂于脸上。每天早晨起来,对自己微笑，告诉自己这一天将是新的一天。微笑是人类宝贵的财富，是自信的标志，也是礼貌的表示，微笑具有震撼人心的力量。生活有的时候就像一面镜子，当你抛给它的是微笑，那么它还给你的就是微笑，如果你传给它的是抑郁苦闷，那么你收到的也将是愁眉不展。

另外，笑容可以缩短人与人之间的心理距离，为深入沟通与交往创造温馨和谐的氛围。因此，有人把笑容比作人际交往的润滑剂。在笑容中，微笑最自然大方，最真诚友善。世界各民族普遍认同微笑是基本笑容或常规表情。喜欢微笑的男人，同时也成为了最受欢迎的人。当然，你要注意，微笑是发自内心真诚的表情，你的微笑要充满活力，从微笑的眼睛中表达出真挚，没有人会喜欢"皮笑肉不笑"的笑容。

罗曼·罗兰说："开朗的性格不仅可以使自己经常保持心情的愉快，而且可以感染你周围的人们，使他们也觉得人生充满了和谐与光明。"喜欢微笑的人，人际关系一定很棒，有许多朋友，在社会上也一定吃得开。微笑能拉近人与人之间的距离，让彼此之间备感温暖。如果微笑着去面对生活，增加自己的亲和力，别人更乐于跟自己交往，那么你得到的机会也会更多。微笑是一种发自内心，不卑不亢的情绪，既不是对弱者的愚弄，也不是对强者的奉承，微笑没有目的，无论你面对的人是什么样的人，他有着怎样的身份和地位，你的微笑是对他人的尊重，同时是对生活的尊重，那么你也会收到微笑的回报。

至少为一件值得的事情流一次泪

泰戈尔说，宝石是时间的串珠之泪。泪水可以像宝石一般，学会隐忍；也可以像夏天的阵雨，难免滂沱成灾；它可以是疼痛的释放，也可以是柔软良心的表露。泪水是人类尊贵存在的完美体现，就像诗人柔弱的良心，像绒絮一般，轻柔地覆盖整个人类世界。

有人说："懂得了泪水，就懂得了人生。"可是在许多人的世界里，却很少有眼泪的存在。因为流泪的人被视为一种懦弱的表现。虽然哭哭啼啼地看上去确实不好看，但是哭泣并没有错，哭泣不应该被视为没有骨气的一种表现，相反，短时间内的哭泣是释放不良情绪的最好方法。无论是谁，一生当中都应该至少为一件值得的事情流一次泪。你必须知道哭泣流泪并不是懦弱，而是一种人类的本能。

生活中总会有那些令我们感动的人或者事情，为一件感动的事情流泪，说明你是一个懂得感恩的人。你在哭泣的时候，也是一种感情流露。大家只是记住了"男儿有泪不轻弹"，却忘记了后面还有一句"只因未到伤心处"。流泪并不是一件丢人的事情，你应该有一次真情的流露，应该有一次为一件事感动或者极度伤心，或者任何一种值得的理由痛哭一次。

小陈是一个毕业已经三年的青年人，在平时都是很乐观阳光的。但是有一次，他看上去情绪有些不对，请假之后就一个人出去了，平时和他关系不错的同事刘畅跟了出去。刘畅看到小陈一个人站在天台的上面静静地落泪，他不敢去打扰小陈，就在一边等小陈。下班的时候，他跑过去小心翼翼地问："小陈，你没事吧？要我帮忙吗？"小陈很不好意思地说："今天真是抱歉，我不应该一个人跑去流泪，让你见笑了。"刘畅听后微笑着说："没事啦，流泪是很正常的，哭的男人也是很性感的。"听到他的话，小陈笑了。

刘畅说："怎么样？你愿意和我说说吗？"小陈想了想说："我曾经默默地喜欢一个女孩8年，这8年来，没有胆量向她表白，也没有勇气不去联系。6年前，我们成为了彼此最好的朋友，还发誓说即使对方结婚了，也要一直这样好。那段和她每天混在一起的日子，是我这辈子最快乐的时光。"听到这里，刘畅似乎若有所悟，他猜测着说："那你们现在不联系了，还是她真的嫁给别人了？"小陈听到以后摇摇头，禁不住回忆的痛苦，鼻子一酸，眼泪又一次在眼中打转。

小陈忧伤地说道："上个月我刚刚和我妈给我介绍的对象要谈论结婚的问题，她忽然间跑过来，将我拉到一边，告诉我不可以和女友结婚，因为她爱我，默默地喜欢了我8年。"刘畅惊喜地说："那岂不是你们互相喜欢了8年，彼此都没有说吗？"小陈点点头，然后继续说道："就在我打算和她在一起的时候，我的女友因为受不了刺激，进了医院。我觉得自己太自私了，对不起女友。但是没有想到就在我刚刚平复了女友的情绪的时候，她跳楼自杀了。"

讲到这里，小陈已经哽咽地说不出话来，刘畅也在旁边不说话了。两个大男人坐在公司的阳台上，没有说话，只是流泪。也许刘畅也有自己的伤心事被勾起，但是他没有说什么，只是哭得很伤心。

一辈子那么长，总有一件你觉得值得流泪的事情。一辈子又那么短，短到来不及和自己的眼泪亲近接触。专家指出，长期不流泪的人，患病率是流泪的人的一倍。人生之中，需要哭泣的时候，不妨痛痛快快地哭一场。对于眼泪我们不应该压抑或者强迫，而是应该顺其自然。应该哭泣的时候不要强忍着泪水，强忍着不哭的人，易患抑郁症。

对自己好一回，做一件自己喜欢的事

美籍华人喜剧演员黄西说："真心做自己喜欢的事，倾听内心深处的声音。从失败中学习，尝试了一些东西，有了失败的感觉，才知道自己喜欢什么。看自己擅长什么，而不是看大家都在做什么。行业没有贵贱之分，选择职业也是。走的路跟别人不太一样，不一定是坏事。"

日本有一个年轻的临终关怀护士大津秀一。他在亲眼看到、亲耳听到1000例患者的临终遗憾后，写下了《临终前会后悔的25件事》一书。在书中，他统计出，人们在临死前遗憾的第一件事就是没有做自己想做的事。大津秀一说："人们临终前最常说的一句话就是，人这一辈子啊，太短了。"有人削尖脑袋往上爬，有人辞官归故里；有人自甘平庸，也有人孜孜以求。人生有很多活法，千万别被别人的价值观"绑架"，不要把别人希望你过的生活当作是你想要的生活，做自己喜欢的事。如果你现在想谈恋爱，那就行动吧；想学点什么，现在就开始吧。人生就像个旅行团，你已经加入了，不走完全程，岂不可惜？

对于自己喜欢的事情，无论是你觉得不够伟大或者哪怕有些猥琐，只要是自己喜欢的，只要不违反法律和道德，你都可以随心所欲地做一回。人这一辈子不仅仅应该讲求奉献，实现自己的人生价值，有的时候人生价值也在于你体验到了自爱的感觉。爱自己其实也是一种责任，我们要对自己好一点，爱自己的身体、爱自己的健康，不要和自己生气，不和自己过不去。

如果你想做一件自己一直想做，但是很多人却拒绝的事情时，不要害怕别人的非议，你总该尊重一次自己的意愿，完成一次自己的心中所想。

刘刚今年已经26岁了，有一个交往4年的女朋友。因为前几年一个人独在异乡，父母和亲人朋友都在很远的地方。常年在外的刘刚，自己做饭、洗衣服。他的女朋友比较年轻，同时又是家中的独生女，所以很多事情都不会，做饭、洗衣服都要靠刘刚。有了好吃的、好喝的，刘刚总是先给女友送去。为了不惹她生气，刘刚已经断绝了和自己关系最好的女闺密的联系。

但是，一旦自己发生了什么紧急的事情，女闺密赵晓棠总是能够第一时间赶来帮忙，这让刘刚感觉非常地愧疚。但是赵晓棠却不以为然，她一直觉得刘刚有了女朋友，自己本来就是要和他保持距离的。刘刚和女友两个人租房，刘刚要承担所有的房租，日常的花销也变成了两个人的。刘刚的工资已经远远不够维持两个人的生活了，为了改变现状，刘刚开始朝赵晓棠借钱。

但是男人的自尊心让刘刚觉得这样并不能解决问题，于是他听说员工需要派遣一批员工去为公司做宣传，到偏远山区支教 3 个月，但是薪水方面，公司会按照年薪支付。这样可以说是一次大好机会，没有想到的是，女友居然不同意刘刚前去。因为刘刚走了，女友就要一个人生活 3 个月了。为此两个人还大吵了一架。身边的朋友都劝刘刚，让他不要去支教了。赵晓棠却只说了一句话："按照你想的，不要给自己和他人留下遗憾，人有的时候要为自己活一次。"

刘刚决定要去支教，无论女友如何反对，他觉得赵晓棠说得对，人总要为自己活一次。于是，他按照自己的想法去支教了。女友因为他执意要去，而选择和他分手了。3 个月的支教生活，让刘刚看到了很多以前不知道的事情，这里的孩子们很朴实，对自己也特别的尊重，离开这里的时候，刘刚把自己的很多东西都留下来，送给一些孩子们。

这 3 个月的支教经历让刘刚觉得，自己这一辈子做的最有意义的事情就是当初选择支教了，虽然女友离开了自己，但是刘刚一点都没有觉得后悔。而且在支教的那段时间里，虽然生活上苦了点，但是自己的精神世界却提升了很多。孩子们对自己的信任和当地乡亲们对自己的友好热情，让刘刚忽然间感觉自己活着有那么大的价值，这就是支教对刘刚来说最大的收获了。

趁着自己还年轻，还有机会做决定，还有机会去做一些事，不要违背自己的内心，做一回自己想做的事。也许你曾经看上了某款自己一直心仪的照相机，只是由于它价格不菲，你只能无奈放弃；或许你曾经也因为喜欢某种商品，但是因为这样或那样的原因，而舍弃了自己真实的想法。冲动一回吧，不计结果地对自己好一次，做一次自己想做的事，这是你应该有的权利，任何人都没有理由剥夺。

亲自设计你的家

布拉德·皮特说："我想设计建筑。我想去改造洛杉矶的城市建筑，我是说真的！想想看，这是个很棒的城市，有着很棒的建筑。但你看看他们都对好莱坞大道干了些什么，到处是充满商业主义味道的建筑。看看瑞典人都在干什么，在那里你可以把一些伟大的设计实现为一座伟大的建筑而不是到处建造商业街。说起这些我感到很恼火，有些激动。"

如果你是天生的艺术家，那么家就是你的艺术园地。如何用自己的思维和想象力倾情地装饰自己的家，为自己和爱人营造一份属于你们的浪漫空间，这是我们这一生至少应该做的一件事情。你的天分可不是体现在单纯地砌墙和和泥上的，至少室内的装饰，什么地方放上一盏独有风情的橘黄色灯，什么地方该有一串蓝色的风铃，为你的家庭增添温馨和浪漫，给家人营造一个良好的生活环境，何乐而不为呢？

如今城市越扩越大，楼房越盖越高，人们似乎离万物自然越来越远。住在单元房中，多少有些孤独感，你在外面辛苦地打拼，然而回到家中，你的家只是那种很简单的格局，几个沙发，一个茶几，单调枯燥，完全无法让室内充满生命的活力。其实你可以选择让自然美景定格于家中，或者在书架上安放几只神态各异的瓷狗、瓷猫或木雕的群象、群马，室内的装饰完全是艺术与生命的完美结合，充分体现出你的生活品位。

　　丛梦是一个学习室内设计专业毕业的大学生，在社会上历练两年，工作还算顺利，但是转行做了 3D 设计，两年前曾交了一个女朋友，两个人的感情很好，本来打算年底结婚的。在工作的这座城市里，买到了一个空间比较开阔的楼房。丛梦观察了一下小区里面的住户，很多住户都是简单地装饰一下，然后就搬进去了。家里面的布置完全没有一点创意。也许是专业病，也许是别的，丛梦觉得现在的人们忽视室内设计，完全就是一种落后的表现。而且一个人一定要自己亲自设计自己的房间。

　　丛梦在房子开始装修的时候，就在公司请了假，并把自己的想法用图纸画了出来，让装修的师傅按照自己的意思来装修。然后，他自己亲自选了几种墙纸，并亲自在厨房里面安放了方便简易的洗碗机和整理碗盘的整理架，而且还是完全不占用空间的那种。

　　在进入自己屋子的门上，连接对面的墙壁，丛梦设计了"梦游仙境"的画，然后在墙上做了装饰，就好像有很多条鱼从墙上游来游去的感觉。然后自己又在墙上安装了悬空的书架，和一些不规则的漂亮花瓶，花瓶的底端都是一根根塑料的透明玻璃管相连的。当他在那些花瓶中安放一些真的花朵，然后填上水，所有透明的管子都变得五光十色起来。

　　丛梦在卧室的地板上铺了一层新西兰的纯羊毛地毯，床的上面装饰采用的是古代宫廷式的设计，淡紫色的纱帘让床的部分看上去特别的温馨而大气。卧室和客厅相连的门，丛梦的设计是拉门，只是为了节省空间，当然这样还可以很规整。客厅的大吊灯也是水珠帘的那种，金光闪闪，顿时硕大的客厅立即变得与众不同，高贵了许多。

当妻子被丛梦邀请过来观看新家的时候，她的眼睛里充满了泪水。她感动地抱着丛梦的脖子，她深情地说："老公，这个家太温馨、太漂亮了，我觉得我好像变成了皇后，而你就是我的国王，你给了我这样美丽而温馨的家，谢谢你。"

不是每个人都有机会亲自设计自己的家，你如果有这样的机会，一定不要放弃。尤其是你对某种艺术或者动物充满了偏爱，那么亲自设计你的家，你就可以让自己所有的偏爱在你的居室中"定格"。每一个人都应该是自己家的设计师，而每一个设计师都有自己变换房屋的技巧，所有的装饰和规则都是用来打破的，一个人的家的设计，能够体现出你的生活方式以及你的个性，家就是不要显得陈旧且乏味，而且又不显得急躁而分散的平衡点。在你的家中也可以设计出一些颜色的分布，因为颜色能够影响你的心情，而且可以给你的居住空间营造欢乐和活力的氛围。将自己的家设计得独一无二，能够彰显你的个性，也能够显现出一部分你的历史。

抽时间整理老照片

总有那么几张老照片让你觉得弥足珍贵，体味到岁月的芳香，或是情谊的凝结。老照片的意义是不能用金钱去衡量的，那是一份记忆的见证，是一份再也找不回来的温馨时光。

老照片记录着我们每个人的过去，当翻看老照片的时候，一段段的年轻记忆便会浮现在脑海里。当一个人经历了读书、升学、找工作、奋斗、结婚等一切事情的时候，老照片的作用就会显现出来了。其实有些人喜欢老照片，喜欢的是老照片当中的那段永远不会再回来的美好时光。我们应该找个机会，整理一下自己的老照片，按照时间的顺序，看看自己的成长变化，看看自己有怎么样的改变。现在的科技发展，一个内存卡就存储了好多快乐的时光，同样也不会出现像老照片那样难以保存，日久就会变黄的现象。但是老照片的意义却不是储存卡能够代替的，那种实物的储存是任何网络的新发展都比不了的。

每个人都可能有一段自己刻骨铭心的历史，老照片就是记录你历史的教科书。徐州师范大学的研究者说，老照片是距今较为久远的历史瞬间定格。研究或者欣赏经过岁月沉淀的老照片已发展成为一种颇负生命力的文化现象。也许你的手中有一些关于母亲、父亲、妹妹的照片，那么拿出照片来，翻看一下早已久远的童年。其实人都是恋旧的动物，人们总是通过恋旧继而怀旧。那些怀旧的情愫和古旧的影像是维系生命的纽带，有了老照片，那些只能在记忆中搜索的影像便会凸显出来。

周宏是一家文化公司的编辑，在远离家乡的城市拼搏。过年回家的时候，偶然在整理旧物的时候，发现了一个封面已经泛黄的相册。打开相册，首先映入眼帘的是自己4岁时和母亲在陕西的一张老照片。看到母亲怀里那个小小的自己，圆圆的脸，嘟着小嘴，周宏嘴角露出了一丝微笑。

向下继续翻看，周宏看到了自己和小学时的同班同学王强的照片。那个时候两个人还没有身旁的轿车高，左腿的裤腿上还有一块污渍。周宏笑出了声，谁能想到20多年以后，自己会变成现在这样一个西装笔挺，外表俊朗的帅哥呢？再看看王强，他的脸就像一个花猫，周宏想到当时好像是因为两个人在玩泥巴，后来被叫在一起拍照留念的，也不知道几年没见的发小王强，现在是什么样子了。

照片一页页地翻看，周宏的记忆在一点点地倒退，许多遗失的旧时光就慢慢地找了回来。看完相册，周宏很开心地擦掉不知不觉中留下的眼泪，照片能够做到的就是将自己重新带回了童年，让自己又重温了一次年轻的时光。

如果有时间，你一定要亲自整理一次自己的老照片，你能够从那些泛黄的老照片中找到你遗忘的时光。每一张照片就像一段往事，虽然很多事情早就过去了，但是对于短暂的人生来说，都是再宝贵不过的财富。老照片就像一幅幅宝贵的作品，无论拍照的技术水平如何低劣，那个留下来的瞬间都是让人怀念并值得珍惜的。整理你的老照片，给他们分门别类建立几个夹子，并把每一个都取上一些符合时光特点的名字，让那些美好的时光能够在你的翻阅中定格。

亲自动手缝一次扣子

如果缝一次衣服扣子，对于你来说都难得像编一个崭新的计算机语言一样，你还指望自己在生意场上挥洒自如吗？

你不一定要做裁缝，但至少应该让自己不在小事情上为难。比如，你可以自己缝一次扣子。古人早就说过，一屋不扫何以扫天下，于小处着眼，任何事情都应该不在话下。

有些男人可能会觉得，缝扣子这种事情不是女人做的吗？说句公正的话，世人总是喜欢将很多事情上标注性别，这种偏见不知起于何时，其实无非是人的心理在作怪罢了。你能够做的事情有很多，而不应该随着时代和世俗的目光就有所改变。生活中有很多事情都像缝一次扣子那样，简单而平常，其实在女人的眼中，不是做了惊天动地的大事，男人才优秀，才有魅力。对于很多女人来说，当你看到一个男人很认真地在那里缝自己的衣服扣子，或者看着他小心翼翼地将自己的衣服里子慢慢地用针线来回地穿梭着，男人的可爱之处就散发出来了，而且那种味道是女人无法拒绝的。

郭佳松刚刚和前女友分手3个月，所有的时间都要自己打发了。于是，郭佳松每天都找自己的红颜知己郁风一起吃饭、逛街。

一次，两个人约好一起去吃饭，外面下着大雪，郭佳松找出了自己那件老式的羽绒服出来，距离吃饭还有5个多小时，本来打算先睡一觉的，结果发现衣服里子坏了20多厘米长的口子，羽绒服里面的毛都要露出来了。郭佳松拿着羽绒服，披上了一件大衣跑到楼下的洗衣店："阿姨，这衣服坏了，缝一次多少钱？"阿姨拿过他的衣服，看了看说："你这衣服口子太大了，你给我15元吧。"听到15块这个价格，郭佳松笑了，拿着衣服上楼了。

公司最近在裁员，好像自己就在其列，想到这里，郭佳松就觉得15块钱能够起很大的作用的。于是自己拿着针线开始缝了起来，不知不觉地，时间过得飞快，马上就要到吃饭的时间了。为了不迟到，郭佳松跑进了和郁风约好的地方，结果发现郁风已经在那儿等很久了。吃饭的时候，郁风问："松哥今天怎么迟到那么久？"郭佳松不好意思地说："缝衣服里子，不知不觉地缝了几个小时。"听到这句话的时候，郁凤哭笑不得。但是立马拿起郭佳松的衣服，看了看里子，惊讶地说："还别说，你手艺不错哦！"

郭佳松不好意思地笑着说："下次，你有什么缝缝补补的，需要帮忙，我可以帮你。"郁凤立即向他投去了温柔的眼光。

你可以想象一下，当你和自己的女人逛街的时候，你为她花钱买衣服和你亲自为她缝上掉下来的扣子，哪一个更让女人感动。花钱买衣服都已经被很多女人视为理所当然了，该感动的时候早就过去了。但是当你亲手为她缝上扣子的时候，她会被你的细心和手巧而打动，这样的男人真的是凤毛麟角了。

生活中，如果一件自己非常喜欢的衣服，仅仅因为扣子掉了就丢掉，未免太可惜、太浪费，如果一个扣子都要找一个专门的店去修理，也是有些小题大做。缝一次扣子怎样都要比你做电脑编程要简单得多，而且不要任何事情都指望科技的帮助，人类没有这些科技的时候，靠的就是缝缝补补过来的。最原始未必就是不好的，最创新的往往也不是解决问题的最好方法。你至少为自己缝一次扣子吧。

为自己写一本梦境日记

梦是窥探内心的一面隐秘之镜，是另一种虚幻却真实的人生体验。梦是探究自己潜意识和意识相互交流的机会，它为人们打开了通往自我整合的大门钥匙。

人的一生之中，有多少时间在睡觉，就有多少时间在梦里。梦也是生命的一部分，是人类生活中不能缺少的一部分。每个人都会做梦，但是能够记住的梦少之又少。弗洛伊德认为，梦不是一种躯体现象，而是一种心理现象。梦是一种愿望达成，它可以算是一种清醒状态精神活动的延续。梦，并不是空穴来风，不是无意义的，不是荒诞的，也不是一部分意识昏睡，而只有少部分乍睡还醒的产物，它完全是有意义的精神现象。所以，你应该为自己准备一个梦境的日记，在睡觉的时候，将它放在枕边，当你早晨醒来的那一刻，将那个非常容易遗忘的梦迅速地记下来。

梦在每个人的生命中占据了 1/3 的比重，既是对生活的回忆，又是对心理检查的证据。梦境由于常常稀奇古怪，有的时候让你恐慌，有的时候让你兴奋，不管它是否重要，你都如实地记下来，几年以后，当你翻看你的《梦境日记》的时候，一定觉得它比美国的科幻大片还要惊险、刺激，而且最令你兴奋的是，这样古怪离奇的事情，你是其中的主角。很多人由于工作和生活的忙碌，已经淡忘了很多人和许多事，但是有些时候，梦却能给你一些提示。你可能会因为一个梦而打电话给许久不联系的朋友，也可能因为梦境而想到自己该做而忘记去做的事情。

大部分的梦都是人的潜意识，很多人觉得人经常做梦，对人体有害，因为大脑没有得到充分的休息，实际上这种说法是错误的。德国脑神经学专家科思·胡贝尔教授的研究成果表明，做梦是对大脑有益的正常生理活动，有益于锻炼大脑的功能。

经过科学的验证，人脑中的部分细胞在人醒着的时候是不工作的，在人睡觉的时候才开始工作。而且日本的专家表示，一些痴呆患者由于不怎么做梦，他们的寿命往往较短。梦境中的情节多数都是人心理活动和受外界刺激的体现，比如夜间寒冷易于做冰天雪地单衣行走的梦；膀胱胀满，就会梦到找厕所；一般将手放在胸前睡觉的人，梦里面容易呼吸困难；有的人梦到被狗咬了腿，醒的时候发现自己的腿被另一条腿压麻了。

　　有时候专注在梦中的情绪，可以帮助你记起一些生活中需要注意的细节。你将记录自己的梦作为一种好的习惯，将"梦境日记"作为自己的一个朋友，把那些可梦不可解的事情都记录下来，慢慢地，你会发现你记录得越多，你的梦就越能够解读，梦境日记会让你变得聪明而真实。梦是一扇窗户，通过对这扇窗户的记录，你能够看到多面的自己，和自己丰富的内心世界，并且梦境中所反映出来的现象能教你许多事情。

　　荷马说过："诸神都用梦将他们的意志传给人。"在古代的斯巴达，有一些特殊的人就是靠梦境来寻找解决事件的方法的。你记录自己的梦境，能够及时地了解自己的心理状态，还能够及时地发现自己的健康状态。因为科学表明，人在慢波睡眠中所做的梦都是很有道理的，而在快波睡眠中所做的梦都是杂乱无章的。如果你记录了自己的梦境，根据梦境的内容，你就可以轻易地分辨出自己的脑电波速度，脑电波的速度和人的呼吸、心跳、流汗都有关，记录梦境你会发现许多你曾经没有发现的很多事情。

Part 3

爱情智慧篇

选一个非情人节的日子浪漫一次

浪漫是保持爱情新鲜的秘诀，一个懂得浪漫的男人，也应该是懂得生活的男人。浪漫是有感而发的真实感受，而不是刻意选取浪漫的时间，或者应该浪漫的特殊日子，那样，浪漫还有什么意义？

浪漫不是简单的"我爱你"，而是无意间地制造惊喜。浪漫的男人是女人所喜欢的，浪漫的女人也是男人所钟情的。浪漫是一种纯真的心态，也是对生活的一种热忱，那种会创造浪漫的人，总能把生活氛围调节得很美妙，让人充满惊喜。当然，浪漫一定不要仅仅限于情人节或者生日等一些特别的日子里，平时简单普通的生活里，也要偶尔有一些浪漫，比如你可以准备突如其来的鲜花，或者餐桌上的蜡烛，或者包装精美的礼物。其实生活中的浪漫有的时候很简单，哪怕仅仅是两个人手拉着手。一个懂得浪漫的人是一个富有情趣的人。

聪明的人应该懂得时时给自己的生活中创造浪漫，也懂得享受浪漫、珍惜浪漫。聪明的人还懂得浪漫的真谛，懂得在平凡的生活中去追寻浪漫。一个温柔的眼神，一次简单的牵手，一声轻松随意的赞美，都会让他们感到满足。所以浪漫没有大小之分，其实都是一种同样美妙的感觉。浪漫可以让一对情侣保持爱情的新鲜，浪漫也会让老夫老妻感到浓浓的爱意。一个人只要懂得一些浪漫就犹如掌握了一项法宝，在生活充满枯燥和乏味的时候，浪漫就可以增添生活的情趣。

　　刘鹏和妻子已经是结婚25年的夫妻了，就像很多人说的那样，时间久了爱情也逐步地转变成了亲情，生活也归于平淡。刘鹏的妻子每天在家打扫房间，给自己的儿女做饭，帮助刘鹏洗衣服。这样看上去，刘鹏的妻子似乎已经变成了一个保姆。本来日子就这样平平淡淡地过了，忽然间有一天，邻居几个女人都在刘鹏家聊家常时，门外有人敲门。刘鹏的妻子忙去开门，打开门的那一刹那，一大束红色的玫瑰出现在刘鹏妻子面前，刘鹏妻子以为是女儿恋爱了。没想到送花的服务人员问："哪一位是林虹？"刘鹏妻子听到自己的名字那一刻，有点心慌，连忙回答："我是。"送花的人说："麻烦您签收一下。"

　　林虹手里捧着花，走路都不稳，屋子里面的女人都傻眼了。隔壁的李大姐说："哎哟喂，林虹，这是咋回事啊？你这么大岁数了，还有这魅力呢？"林虹脸色微红说："我也不知道怎么回事啊，我看看是谁送的啊。"她拿下花里面放着的卡片，只见上面写道："老婆，你在我心里远比花还美。"林虹看到卡片下面的落款人是"你的大鹏"，她立即露出了羞涩的笑容说："是我老公大鹏送的花。"听到她的话，屋子里面的女人立马开始问长问短，问东问西。没有任何特别的节日，也不是结婚纪念日，为什么要送花呢？

　　虽然林虹也不知道老公是什么目的，但是她依然很开心，这一天的心情都特别好。晚上刘鹏回来的时候，林虹一下扑上去给了刘鹏一吻，然后问道："你为什么送我花？"刘鹏看着林虹说："没有原因的，老婆你为家操劳，一束花远远不够。"林虹听到这句话的时候眼睛也湿润了。

女人其实是比较感性的，一束鲜花、一句感动的话语都能让她们兴奋和开心。男人的浪漫对于女人来说是致命的诱惑。所以，生活中，无论是男人还是女人，都不要放过任何一个可以制造浪漫的场景，不要放过每个可以牵对方手的机会。比如下班回到家帮助老婆洗菜，恰巧厨房不够大，那么相互间的碰撞不可避免，这个时候你完全可以抓住每次相撞的机会偷吻对方；你可以帮助对方讲完她想对你讲的话；在用餐的时候可以给对方夹菜。如果说风情需要培养，浪漫则需要真诚。金钱打造不出浪漫，做作和矫情也是浪漫的敌人。

浪漫是一种对于生活的情怀，对爱人的在意和对真诚爱情的向往。浪漫不一定非要选在一个特定的时刻，应该浪漫的时候去浪漫，似乎是一种刻意完成的任务，往往少了几分真诚。而生活中无意间的浪漫，却给普通和平凡添加了一些刺激。浪漫会让人始终有一颗年轻的心，让生活时刻都保持着新鲜和活力。优秀的男人不能不懂浪漫，优质的生活也不能缺少浪漫。

选择一个真心爱你的人结婚

有句话说："每一个成功的男人背后，都有一个真心爱他的女人。"不要轻易地向女人求婚，除非这个女人是真正地爱你。人们必须知道："财产可以得而复失，失而复得，但是婚姻不行。"如果你真的要结婚，就请牵着一个真正爱你的人的手，和他（她）并肩走入结婚的礼堂。

如果你要结婚，就请选择那个真心爱你的人吧。一个人如果能够找到一个真爱自己的伴侣，事业也会如日中天，锦上添花。结婚是一件庄严的事情，是人生下一半旅程的开始，从此以后你就要由一个孩子变成大人了。那些不是真心爱你的人，会在你遭受了打击或者挫折的时候，毫不犹豫地离开你。而那些真心爱你的人，陪你一起度过你人生的最低谷，陪你走过你最艰难的创业期，他们将自己的青春全部献给了你，仅仅因为爱。

拥有爱情的婚姻才能结出幸福的果实，要知道，你结婚的目的是要幸福，而不是把婚姻当作权力与金钱的工具。如果你真的要结婚，就请牵着一个真正爱你的人的手，和他（她）并肩走入结婚的礼堂。

林秀峰是一个外表十分俊朗的男人，他年轻有为，没到 30 岁就已经年薪 50 万元，在小城市可以说是难得的"钻石王老五"，许多女孩子都主动示好，更有甚者居然直接倒追他三次。有个女孩已经在生活上细微到饮食起居都关照到林秀峰，但是林秀峰始终都没有什么表示，他的态度依然是仅仅和这些女人做普通朋友。

过了几年以后，身边的一些女人都开始嫁人的嫁人，跳槽的跳槽。只有那个一直倒追林秀峰的女孩采儿还没有放弃。禁不住女人的温情，况且那句老话还是很有道理的"女追男隔层纱，男追女隔层山"。不久后，林秀峰就娶了比自己小 8 岁的采儿。婚后两个人的生活差距很大，采儿每天就像一个阔太太一样，逛商场买衣服，有的时候去和朋友旅行，偶尔打打麻将。

林秀峰婚后有些后悔，看着自己朋友小杜的妻子，虽然人长相很普通，但是勤劳持家，小杜每天下班都能吃到热乎的饭菜，想想都觉得好幸福。林秀峰垂头丧气地回到家中，看采儿在玩电脑，他没有闻到饭香，很失落地自己去吃泡面。餐后和采儿开玩笑说：
"公司里面出了点事，我被降职了，而且需要赔一部分钱。"听到林
秀峰的这句话，采儿很激动地说："什么？你怎么这么不小心，赔
多少钱？"

看到采儿的反应，林秀峰彻底失望了。采儿居然不担心他的心
情和人，反而只担心钱。他伤心地说："全赔进去了，以后房子也
要赔进去。"采儿立马变了脸色说："那咱们离婚吧。"听到离婚这
句话，林秀峰惊慌失措。他激动地说："你说什么？你要选择在我
失败的时候跟我离婚？"采儿说："你赔得连房子都没有了，我还图
你什么啊？你以为一个如花似玉的女人愿意嫁给你这个大自己 8 岁
的老男人吗？还不是看你有几个臭钱。"林秀峰反驳说："那你当初
为什么对我那么好？"采儿说："不对你那么好，我怎么能从那么多
女人当中跳出来，老娘就是倒霉，刚刚结婚没有享到一年的清福，
居然你就破产了。"

最后林秀峰只能选择和采儿离婚，他怎样也不会想到，自己的
一句玩笑就解决了自己不幸的婚姻。

你要知道，一个真正爱你的人，一辈子都会用心地对你好，疼
爱你。但是一个爱你钱或者爱你权力的人，一旦你的人生中出现了
什么闪失，他们会很无情地离开你。一位作家说："找到一个相爱
的人结婚，是一件最幸福的事情。"女人需要婚姻的幸福，男人也
同样需要。婚姻是关乎人一辈子的大事，千万不能将就。人一辈子
会有很多重要的决定，但是婚姻的这个决定才是最最重要的。因为
它决定了你下半辈子的幸福，影响了你下半辈子的人生走向，甚至
对于你事业、家庭和生活都息息相关。一个人最成功的选择就是选
择了一个真心爱自己的人结婚。

亲自下厨，为爱人做一次饭

你在每一个特别的日子，不吃大餐不凑热闹，用心为所爱的人做几道简单的菜肴就会显得与众不同。尤其是，当你发现所有的食物都被吃了个光，不会有浪费的时候，可能还会吓一跳。幸福，就是这样简单而平常。

现今社会，厨房不再是女人的专有领地，男人也争得了一片天空，会做饭的男人似乎是很有魅力的。而且有相当一部分女人在择偶的时候，会首先选择一些会做饭的男人。其实，只要两个人相爱，谁为谁下厨或者两个人都下厨又有什么必然的规定呢？幸福生活在哪里？就在平淡生活的油盐米醋中，为所爱的人做几道好菜，就是一种幸福。

一个人至少应该有自己的几道拿手菜，仅仅只会赚钱养家糊口还远远不够，你必须能下得了厨房，能拿出一两道菜孝敬爸妈，慰劳爱人。在家庭中，夫妻之间能够给彼此做菜，也是很幸福的。当一个人想要表达爱意的时候，他就可以为所爱的人学做几道拿手好菜。当他看着心爱的人品尝自己的菜肴的时候，一定会深刻体会平凡生活中爱情的滋味，那是一种充满甜蜜的味道，不需细诉而满室生香。

很多人并不在乎自己的生活过得如何奢华，只求平平安安，与恋人相爱过一辈子。但是有的时候他们也会希望在他们累的时候，他们的另一半能够烧得一手的好菜，在他们不想做饭的时候，也能够吃到一桌美食。

有一份研究表明，男人与女人一起下厨房，是可以增进感情的。有句话说，女人要想抓住男人的心，首先要抓住他的胃，其实男人也是这样。任何一个女人都不会拒绝一个愿意为她下厨做饭的男人，厨房里的男人是男人温柔的一面，男人回到家里可不仅仅只会跷着二郎腿、抱着电视看球赛，男人也应该有细心的一面。一个人这辈子总要为自己爱的人下一回厨，做几道拿手的好菜。

为你爱的人唱一首歌，或者学一种乐器

对于一个普通人来说，也许你没有天赋成为另一个贝多芬，也没有机会成为另一个猫王，但是你仍然有必要学会一种乐器，它将成为你一生不离不弃的朋友，更重要的是，它可以给你的家庭生活注入无可比拟的幸福。

保罗·艾罗瓦德说："在这个世界上有另一个世界，那就是音乐的世界。"每一首歌曲都具有它独特的意义，而每一个听到它的人都能从中找到自己的感触。人在听音乐的时候，可以放松心情。每一首音乐的故事背后，都能够看到听歌人的自己。人们也许未必非要拥有迷人的歌喉，但是你可以有一首拿手的歌曲，在你的爱人需要陪伴的时候唱给他听。如果你实在没有动人的嗓音和歌喉，你就可以学一种乐器。

也许你没有机会成为下一个贝多芬，没有机会成为下一个郎朗，但是你仍然有必要学会一种乐器，它将成为你一生不离不弃的朋友。你是一个具有音乐细胞的人，与那些整天忙碌在工作中的呆板者不同，你会显得格外高贵和与众不同。当你的爱人或者恋人心情不好的时候，你可以拉小提琴，你可以弹钢琴、可以吹横笛，总之你的音乐是他心灵上的一贴清凉剂，或者是春天里那和煦的微风，或许是冬天暖洋洋的日光。当音乐响起，这个世界所有的喧嚣不再，所有的委屈随风而散。

司福林本来在被子里睡得暖暖的，结果一把被父亲拉起来："快起来，太阳都快晒屁股了，应该练琴了。"司福林很气愤地说："我是个男孩子，为什么要搞得这么女气，我不要练。"父亲的脸一下拉了起来，很阴沉的感觉。没有办法，他只能按照父亲的指示，一遍遍地练习着钢琴。心里面还默默地在想："我干吗要练这个东西，难道就因为我手指长得够长吗？"

父亲一直站在他的身边监督着，哪怕是错了一个音符，他也能够发现。他还对司福林说："一旦你学会了它，它将陪你一辈子。"司福林勉强地笑了一下，丝毫没有父亲那么好的兴致。他其实一直想要一台电脑，上网玩玩游戏或者找找漂亮的妹妹聊天。

有一天，隔壁新搬来的女孩子站在门口，对司福林的父亲赞叹说："叔叔，您儿子的钢琴弹得真不错，真棒。"司福林听到这句话，感觉一股热流冲向了脑海之中，然后奋力地开始弹了一曲《为你写诗》。司福林的父亲笑着说："他还差得远呢。"

从那日以后，司福林总是很认真地练习钢琴，再也不用父亲催促了。当他练成以后，每天都找隔壁搬来的女孩逛街、聊天，女孩子也总是夸司福林有艺术修养。司福林终于找到了会一种乐器的好处，他很得意，并且很满意当初父亲的安排。为了更加博取女孩子的欢心，他参加了比赛，并获得了一些奖项。最后他又被邀请去参加音乐会舞台剧，在舞台上，司福林穿上了套服并打上了领带，还用发油将头发梳得光滑平整。他注意到了女孩也来了，母亲戴上闪闪发光的耳环，前所未有地精心化了妆。

随着节目的慢慢推演，已经轮到他要上台了。想到自己要表演独奏，而且这一晚他准备和女孩子表白的，他就好兴奋。他静静地坐在台上，轻轻地闭上了自己的双眼，演奏了他的独创曲目《偏爱隔壁的女孩》，琴声和完美的曲调让很多人都沉浸在其中，最后演奏完毕，司福林得到了热烈的掌声。掌声完毕，他说："这首曲子是我自己独创的，名字叫作《偏爱隔壁的女孩》，我希望我隔壁的那位女孩子能够喜欢。"当他说完这句话的时候，父亲和母亲都笑了，隔壁的女孩眼睛里噙着泪水，拼命地点着头。

抚慰你所爱的人的心灵，音乐是最珍贵的礼物。如果你能够会一种乐器，那么即便你没有迷人的嗓音，没有俊朗的外表，你依旧可以夺取爱人的心。一个人应该学一种乐器，音乐不仅仅没有国界，而且比较容易产生共鸣。而且你学会一种乐器，有的时候不仅仅是为爱的人或者家人，你也可以是为自己而学。当你在遇到烦心事的时候，你完全可以为自己奏一曲。当优美的音符从你的乐器里发出来的时候，所有的委屈就都随风而散了。

写一封情书，给挚爱的人

情书可以让对方看到自己的真心，同时在写情书的时候，所有的文采都能够体现出来。如果你猜不透对方的心思，又担心害怕被拒绝的尴尬，用情书做探路石最理想不过了。

在年轻时，你应该要写一封情书给挚爱的人，或者学着写一首诗歌。每个人的内心都隐藏着一位成熟的诗人，心里面总有一些美丽或者烂漫的故事和情节。你不妨试着打开自己的内心，在最浪漫的时候，学着写一首情诗。你可以找一个月光皎洁的夜晚，抱着大树站一会儿，然后把你先想到的几个句子记下来，然后分成两行排列。你也可以学习诗仙李白，拿上一壶清酒，对着月光，想一些自己最希望发生的画面，或者自己觉得最浪漫的画面，与其自己偷偷地笑出声，不如拿一支笔，将这些情节用一些最朴素的文字表达出来，送给你美丽浪漫情节中的人，虽然这个方法在现在看来是那么的老套，但是哪个人不憧憬着能够有朝一日收到意中人的情书呢？

有人说，情书是男女营造感情氛围的"魔杖"，是爱情的"跷跷板"当中的"轴心"，运用得好，可以使平淡无奇的微妙之爱荡起涟漪。的确是这样，而且现在很多的年轻人都喜欢用花去高调地求爱，或者多数者也会直接用钻戒。但是不用情诗去追求一次你喜欢的人，你永远都不知道你喜欢的人是不是真的被你的才情打动了。所以，你不妨试着给你爱的人写一封情诗或者情书，看看他的反应如何，如果他能够根据你的情诗酬和一首，那简直是一件太美妙的事情了。

庞伟一直都很喜欢罗莎莎，但是又担心罗莎莎不喜欢自己。但是又觉得作为一个爷们儿，不敢追求自己喜欢的女孩子很丢脸，所以，他想了想，准备买一束鲜花，然后附带一首情诗。庞伟是一个很文艺的男青年，一直都自诩为诗人，可是最后却投身于教师的行业之中。碍于男人的自尊心，他又不想将自己的话说得太明白，只是作为试探，看看罗莎莎会有怎样的反应。

亲爱的莎莎：

你是插在玉净瓶中的百合花，绚烂、宁静、独傲群芳。悄悄凝神观望，我便深陷其中，难以自拔。两年零十一天的喜欢，送给特立独行的我心中最完美的女神——罗莎莎

远远地观望，

并且也只能这样想，

我怕一切摊开便只能心伤。

生活中的林林总总有太多烦闷，

每一天里最美的是想你的时光，

一年中最难忘的是有你巧合在身旁。

我不敢多想，

怕深深的喜欢被暴露，

将浅浅的爱小心翼翼地藏，

不知何时能表白于天下，

让牵手并肩不再是奢望。

或许每一个单恋你的男子都比我强，

但是喜欢的心并没有什么两样。

唯独担心的是我太平凡，

不知用什么来配你的才貌无双？

暗暗数着不饶人的时光，

你依旧那么美，那么靓。

可是我却早已蓄满胡须，体态微胖。

我故作聪明地让你猜，

自己钟情于一个美丽的姑娘，

可是你那么聪明，

直接戳穿我含蓄的表白，

让我尴尬得难以收场。

结束了两年零十天的梦想，

加上一天的矛盾心慌。

如果爱你的心不被原谅，

就请你将这愚蠢的男孩淡忘。

也许时间的良药都无法医治，

两年零十一天的痼疾。

那么请神赐予我世上最毒的药，

将我的暗恋狠心地埋葬。

也许是庞伟的情诗赋予了太多的神情，太多的渴望，罗莎莎被庞伟感动得痛哭流涕。她打电话过去告诉庞伟："我也爱你，现在给你一粒最毒的药，爱我一辈子。"两个人最终因为这首情诗走到了一起。

会写情诗或者写情书的人都是解风情、懂浪漫的人。人们未必非要找到一个像李白和杜甫那样会写诗的人，但是能够在现代社会这样发达的情况下，还能够用自己的真心去写出一首美妙的诗文，送给自己挚爱的人，这难道不是一件令人感动的事情吗？何况，大部分人都是比较容易受到文字的影响的，比如张小娴被大家视为"全世界爱情的知己"，而且很多情诗都是被大家所传诵的。不论女人还是男人，一个人这辈子至少应该给挚爱的人写一首情诗或者写一封情书，至少你还年轻过、浪漫过，你的才华、风情，至少在最美的年华里绽放过。

追求一个自己真正爱的人，一生也无悔

> 找一个自己真心喜欢的人，每天和他（她）一起生活，下班的时间全部都是甜美的。找一份自己喜欢的工作，每天上班的时间都充满干劲。这样生活的每一天都是幸福快乐的，人生的舞台也是一部喜剧。

每个人都渴望美好、纯真的爱情，千万不能压制自己这种发自内心的情感。一个人最傻、最可爱的时候，就是他爱上了另一个人的时候。当他爱上了一个人的时候，却不知道这个人到底爱不爱自己，这个时候，一定要放手去追求。选择一个恰当的时间向他表白。至于那个人选不选择，如何选择，那都是他的事。能不能成要看你们之间的缘分和你的努力。你一定要明白，人们最渴望的一定是深爱着他的人。

选择一个自己真正爱的人，而不是强求那些表面的光鲜亮丽。选择一个正确的伴侣对于人的一生至关重要。古人云："男怕入错

行，女怕嫁错郎。"实际上，男人又何尝不是。凤凰卫视美女主持
沈星说过："一个男人最高的品位就是他选择的女人。"因为，一个
女人往往决定你未来的事业高度，选择一个什么样的妻子就等于选
择了什么样的人生，也就决定了你将来的事业成就。

　　一个人在追求自己喜欢的人的时候，一定要明白，爱情是强求
不来的。不要因为得不到爱情，就让你的友情轻易失去，能与一个
自己曾经爱过的女人成为朋友，是一件不可多得的好事。鉴于这种
经历或者关系，对于你以后的发展也是非常有用处的。

　　李军大学毕业后，做生意亏了本，辗转来到了另一个城市找工
作。他在一家公司暂时做销售，赚点钱正好能够交房租和日常的花
销。有一次，在工作中认识了同事王美娇，这个女孩性格开朗，工
作上很认真，不仅人长得漂亮，而且还有些底蕴和才华。李军被王
美娇深深地吸引了，但是自己却没有胆量去追求她。因为他觉得对
方太优秀，而自己太逊色，不仅没有事业，也没有好的生活条件。
于是，就将这份感情积压在心中了。

　　公司里面的洪涛也是一名普通的员工，是负责每天发货和搬运
的。工作的内容没有什么技术含量，而且洪涛在各方面来说，远远
没有自己优秀。但是这个男人居然有胆子追求王美娇，还在公司里
面搞得尽人皆知。李军觉得洪涛简直就是疯了，这样会不会引来大
家的嘲笑，说他"癞蛤蟆想吃天鹅肉"。果然不出所料，王美娇的
确拒绝了洪涛。但是洪涛并没有因此而气馁，反而一如既往地对王
美娇献殷勤。生活上，几乎是无微不至。

　　李军看到洪涛和他说："明明知道自己追不到，为什么还要自
讨苦吃呢？"洪涛听到李军的话，笑着说："没做怎么知道自己追不
到，况且能够追求一个自己真心喜欢的女人，我不觉得丢脸。再冷

的冰山也有被融化的时候，能不能成看缘分、看自己的努力，不能靠自己的想象。"李军被洪涛的话震惊了。结果，没到半年的时间，洪涛如愿以偿地让王美娇成为了自己的女朋友。李军知道这个消息后，追悔莫及。

当一个人在发现了自己真心爱的人时，坚决不要含糊，也许在下一刻，他就成为了别人的伴侣。爱情之所以是神圣不可侵犯的，就是因为它是人心甘情愿自己做的选择。你要尊重自己爱的人的选择，也要相信他的选择是为了自己的幸福作出的重要决定。

人一定要知道，只要你曾经努力地追求过自己真心爱的人，无论成功与否，你都曾经为自己的人生幸福做出过努力，无怨也无悔。你要知道"成事在天，谋事在人"。成功与努力是两回事，不是所有的事情你努力了，就会成功。尤其在爱情方面，每个人都有自己的思想和感觉，都有自己的选择。人这一生中，最重要的事情无非就是找一个爱的人终老，找一份喜欢的工作，实现自己人生的价值。能够和爱的人在一起，占据了人生的大部分，也是相当重要的一部分，人在爱情面前要大胆地追求自己的幸福，不给自己的人生留下任何的遗憾。

至少接受一次爱的考验

爱情考验要有分寸。婚姻必须建立在相互了解和相互信任的基础上，但是爱情有时也需要情感的考验，因为这也是决定婚姻能否成立的一个方式。没有信任的感情是靠不住的，考验是一种手段，是辨别真伪的一种方式。对于在爱情中受过伤的人，考验并不是怀疑和不信任，而是基于对以前的经验教训的累积的释放。

有人说："爱情的最高境界就是经得起平淡的流年。"也许随着时间的流逝，爱情早就没有了当初的新鲜感，但是能够经得起时间的沉淀和诱惑的考验的爱情，才更深沉芳醇。

有人说："爱情始终逃不过这样的定律，开始充满激情，最后归于平淡。"其实所有的爱情都有一个保鲜期，过了这个保鲜期还能够坚守在一起的，就是经得住考验的爱情了。

对爱的人，你能在风雨里捧着花在她的门口等待吗？你能在人山人海的沙滩上一下就认出爱人的泳衣颜色吗？你能在众多人的眼光下，为她（他）下一次厨房，洗一次碗筷吗？或者在大街上蹲下来，为她（他）系鞋带吗？能够在为难的时候，牵住对方的手，不离不弃吗？现在的男女能够真正出于对爱情的追求愈加稀少，所以，我们应该能够接受一次爱情的考验。

艳艳嫁给李华时，李华已经是一个 40 多岁的人了，而艳艳还是一个刚满 30 岁的少妇。艳艳是一个结过婚的女人，一年前她被村里人赶了出来，因为刚刚结婚的第二个男人在半年内就死了。人们都说她克夫，都不愿意娶她，当邻村的张婆和她说了李华时，艳艳才心里不安地嫁过来，因为她听说李华有手艺，而且她也没问什么手艺就嫁过来了。

第一次见到这个男人，艳艳就偷偷地哭了。这个长相丑陋、皮肤黝黑的男人，牙齿由于长年的吸烟也是黑色的。虽然自己还算是标志的人儿，但是别的男人都怕自己真的克夫而不愿意娶自己，只有他不嫌弃。艳艳在前两家时，日子过得很清贫，每天上山砍柴，给男人烧水做饭，没有穿过新的衣服，也没有吃过一顿像样的饭菜。经常还要被喝醉的丈夫暴打一顿，还要受到婆婆的欺凌。

李华这个男人给了艳艳从未有过的爱，他知道自己长得丑，但是每次都看着艳艳傻笑。每天赚点钱都交给艳艳保管，还给她买新衣服，给她买好吃的。尽管艳艳对李华并不是很亲近，但是李华却对艳艳一如既往。周围的邻居总是和李华说："艳艳是个克夫的女人，而且半路夫妻都不靠谱，和你都不是一条心啊。"每一次，李华听到了这些，他都气得不行，而艳艳则什么都不说。每天烧水、洗衣服、做饭，李华总是能够帮上一些忙。李华对艳艳的保护和爱就这样持续了 30 年。

三十年如一日的爱护，李华终于倒下了。在医院里的那一刻，艳艳和两个孩子守在李华的旁边，李华从枕头底下拿出了一个信封，交到艳艳的手里说："这里有两张存折，将来谁养活你，这钱就是谁的。"艳艳这个时候已经哭成了泪人，然后李华让两个孩子出去，对艳艳说："从咱家往北走 20 里地，有片林子，那片林子有 1000 棵树，是我娶你的时候偷偷种下的，还签了合同的。以后你有这 1000 棵树，晚年就不用愁了。以后没有我照顾你，你就把树卖了，找个合适的人照顾你。"

之后的十年，李华的两个孩子对母亲艳艳都非常照顾。艳艳要去世的时候，打开了十年前李华的信封，令在场所有人都震惊的是，里面并不是两张存折，而是一封信。信里面这样写着：

艳艳，我平时的钱都交给你管理，根本就没有什么所谓的存折，为了我离开以后，孩子们还能一如既往地孝顺你，我撒了这个谎。如果孩子在你最后的岁月依旧对你照顾，那么，那 1000 棵树就是最大的一笔存折了。我爱你，如果真的有来世，我们还做夫妻，让我来照顾你好吗？

看到这封信，在场的所有人都哭了。

帮助自己的爱人实现他的一个梦想

杨澜对女孩子们说："要找到一个能够帮助自己实现梦想的男人作丈夫，最好是能够提供资金支持的男人，之后连自己的梦想一起嫁给他。"男人是一个女人一生中，下的最大的赌注，作为一个光荣被选中的男人，不让自己的女人失望，这是义不容辞的。

对于一个已经结婚告别单身的人来说，你应该努力帮助自己的爱人完成他（她）的一个梦想。任何人都是有梦想的，而且从来都不会因为结婚有家庭而消失，而且更多的情况下，会越来越强烈。

尤其是现在的很多人，都有自己的事业心，都渴望靠自己的力量来养活自己。也许，大多数人这种强烈的心理是不会在另一半的面前显露的，但是，作为爱人，你不能装作不知道。

很多人在结婚以后，事业上力不从心，专心将自己的全部都寄放在自己的家庭里面，洗衣、做饭、带孩子，这些生活的琐事让很多人都不得不搁浅自己的梦想，你的另一半却能够继续拼搏在自己的人生道路上，因为你没有后顾之忧。而对于爱人最大的惊喜，无非就是帮助他实现自己的梦想。也许，一个人一生的价值就是找到自己的梦想，然后实现它。

兰婷婷和王刚结婚了以后，始终没有在家里面做一个全职主妇，一直奋战在工作的岗位上。王刚看到每天劳累不堪的妻子说："婷婷，如果太累就别做了，我养你!"兰婷婷听到王刚的话美滋滋地说："我知道你养得起我，但是我们现在是一体的，怎么能让你一个人在外奔波，对于家庭来讲，我也是有责任的。"听到妻子的这番话，王刚的心像被针扎了一样，妻子如此繁忙，还不是为了给自己减轻负担吗?

妻子出差在外，一周都不能回家。王刚每晚给妻子打完电话，就准时地坐在自己的书房里开始忙稿件了。他无意间在书架上发现了一个不起眼的日记本，打开一看，熟悉的字体映入眼帘：和老公一定要亲自去一次西藏，体验一下世界之巅的感觉，感受一下藏族的风土人情，期间我们不用顾虑工作还没有做完，资金方面到底够不够。想想都觉得这是一件太美妙的事情了……

原来妻子心里面还有这么美的想法，王刚放下手中的日记本，关上了电脑。他闭目坐在书房里，脑海中出现了和妻子的相识、相知，想想当初老婆为了和自己在一起，不顾全家人的反对，还拒绝了条件比自己好很多的追求者。王刚睁开眼睛，拿起电话，接了那份稿件的邀请。这份邀请一次可以帮王刚赚到很多钱，但是王刚需要放下这本书的版权。版权卖给对方，之前自己一直不愿意接受，但是为了能够完成妻子的愿望，王刚觉得一切都是值得的。

王刚也顺势拨打了妻子所在公司的电话，给妻子那边安排好后，妻子被公司临时叫了回来。兰婷婷回家看到丈夫笑着看着自己，再看到桌上放着西藏旅行必备手册，她的眼睛湿润了。她知道自己当初没有选错人，一切的放弃都是值得的。王刚对妻子说："婷婷，你公司那边我都安排好了，我这边也没有任何的问题，我们可以出发了。"兰婷婷流着幸福的泪水说："可是我们旅行的资金怎么弄到的呢？"说到这个问题，她立马脸色变得惊恐起来，抓住王刚的手责问："你是不是为了完成我的梦想，卖了那本最喜欢书籍的版权？"

王刚笑着说："别说一本书，十本书的版权都抵不过一个梦想重要。书可以以后继续写，可以写得更好，但是梦想不等人，时间也不等人。有些事我们再不做，就老了。"两个人幸福地拥到了一起。

有的时候，爱人的梦想就是那样地简单，也许就是一次浪漫的无负担旅行，也许就是得到一件自己梦寐以求的漂亮衣服。远没有一些人的梦想那么宏大，帮助爱人实现梦想，完全没有必要有太大的压力。况且，一个人能够真心实意地与你共度一生，不求和你大富大贵，只求不离不弃。你如何能够在爱人的梦想面前退缩，如何能够让爱人的梦想打败自己。生命太短，生活也极其的不易，特别是在这样一个充满物欲的环境，一个人能够选择和你在一起，是经过了多少阻碍、多少质疑，你要对得起这份信任，不辜负爱人的决心。

为爱人经营一个爱的港湾

爱是孤单的一个字，所以需要两个人相拥。当一个温馨、浪漫的鸟巢能够为劳累、疲倦的鸟儿避风遮雨，爱的港湾就是鸟儿的天堂。不要将你工作上的失意，生活中的不顺带到你的家庭中，你的家庭就是爱的港湾。

男人与女人共同建立的避风港和加油站就是"家"，家是一个能够让身心最为放松的地方，如果没有一个幸福的家庭，再完美的爱情也不过是虚幻。即便是温柔的人也会因为没有一个安全的避风港而变得暴躁不安，再贤惠的人也会骄纵放任。因此，你应该懂得为爱人创造一个充满温馨、安全和舒适的爱的鸟巢。即便是在外飞得累了，能有一个避风遮雨的地方，这就是爱的港湾。有句话说："爱与被爱都不如相爱"，当男人和女人彼此深深地爱着对方时，天使就会从天堂下来，坐在那家人家里，唱起欢乐之歌。

每个人都希望自己在外劳累了一天，傍晚回到家，能够感受到放松和舒适。任何一个人都不希望自己回到家中，看到一个屋子里乱七八糟的景象。人们都希望下班回来能够安心做饭，不用管其他的事情。当然最好的是回到家能够有一顿丰盛的晚餐已经摆在了他们的面前。你可以帮助你的爱人做一些力所能及的家务劳动，哪怕是洗洗菜、洗洗碗，看到这样优秀的爱人，任何人所有的疲劳都会一扫而空。你给他的家，是任何一家宾馆无法提供的温馨感觉。

　　黄涛的妻子晓英是一家超市的收银员，而黄涛则是一家文化公司的编辑。妻子晓英因为职业的原因，通常下班的时间不固定，但是每次回家都准时地为丈夫准备好晚饭。但是黄涛只有在吃饭的时候才会和妻子谈话，当然内容都是稿子如何烦琐的问题，吃过饭后就一个人憋在书房里面写稿子。而妻子则是一个人默默地收拾碗筷，然后一个人坐在沙发上发呆。有的时候太累了，就在沙发上打个盹。

　　晓英工作一天累得不行，已经好久都没有和丈夫黄涛好好地聊一聊天，坐下来看个电视了。两个人看上去一点都不像刚刚结婚几个月的新婚夫妇。晓英拖着疲惫的身躯，一个人爬到了床上，但是刚刚躺在那里，就闻到了一股烧焦的味道。她立刻爬起来打开灯，原来是黄涛大半夜的自己嫌冷，插在客厅里的暖宝忘记拔掉了。

　　黄涛向妻子道歉，晓英只是嘱咐黄涛："注意身体，工作重要，身体更重要。"黄涛什么都没说，收拾好"残局"就再一次地进入书房忙碌了。晓英心情很糟糕，因为她觉得丈夫对自己已经完全没有感情了，她刚刚出来的时候，手被烫伤了，但是丈夫完全没有注意到这一点，而是转战去了书房。

　　晓英过着这样的日子，持续了一个月以后，她终于爆发了。她觉得丈夫完全不需要自己，总是疏远或冷落自己。尽管他们结婚以后，享受着精致装修的房子，柔软温和的色调，精致易碎的装饰器具，精巧雅致的设计风格，但是这些都和丈夫的冷落显得格格不入。晓英开始陷入长久的抱怨之中，两个人越吵越凶，越闹越厉害，最后不得不分手。

　　人其实是很容易满足的动物，除了干净整洁之外，你能够给爱人一种快乐祥和的氛围，能够在下班以后放下自己的工作，和爱人聊聊天，甚至两个人可以回到恋爱时的感觉，互相嬉戏、打闹，即便是白天有再多的繁重工作，那么你的爱人也会感觉到生活是幸福的。因为他时刻都能感受到自己另一半浓浓的爱意、在乎和关心。为自己另一半经营一个爱的港湾，让他在这座爱的港湾里享受到幸福，你自然不应让爱人失望。

工作固然是很重要的，赚钱也一样重要。但是你工作和赚钱是为了什么呢？不要顾此失彼，不要总是用工作繁忙来作为搪塞的借口，不要因为工作而冷落你的爱人。没有哪个人希望整天对着一个"工作狂"，爱情是彼此互相尊重、彼此爱护的。为你的爱人提供一个爱的港湾，还要记得时时维护，查缺补漏。记得让陪伴你一辈子的爱人一生无怨无悔，这才是你人生中最大的胜利。

Part 4

个人提升篇

学会三种魔术，并在聚会的时候表演

刘谦说："很多时候，魔术真正的意义不在于你要去破除它，而是魔术师的创造，为你实现了心中的一个美好的梦想。"把不可能的变成可能，给观众带来希望和梦想，让观众快乐，这就是魔术。

魔术的神奇总能令人叹服，吊人胃口的手法，极其玄幻的气氛，不经意间就能够带人入戏。当魔术把生活中的不可能变成了可能的时候，你会由衷地感叹，魔术师的神奇和伟大。优秀的人至少应该学会三种魔术，无论在家庭聚会还是公司的年会表演，会魔术的人总能够成为众多人中，最出彩的那一个。

魔术是一门高深的学问，也是严谨的艺术，它融数、理、化、工程学、逻辑学、心理学、舞台表演等于一身。香港地区最有创新精神的魔术师郝赫说："一个成功的魔术表演，需要智慧与手法完美的结合，让观众得到视觉上的幻觉享受。同时魔术师在表演时，往往要通过精妙的语言来预设一些情景和氛围，增强其艺术感染力。"魔术是一种哲学，更是一种人生态度，人们通过对魔术的创作，可以自我发现，自我探索，让自己更加有自信。

黄忠波是一家公司的送货员，平时喜欢做一些魔术之类的研究。总是在家庭聚会的时候为80岁的老父亲表演魔术，当年老婆也是用这个方法追到的。在家中，黄忠波喜欢将自己的魔术表演给儿子和女儿看，在孩子的眼中，老爸是最厉害的人。

在工作岗位中，黄忠波的工作是最简单的，平时也很少有其他能够凸显他才华的机会。黄忠波在公司中属于那种一直默默无闻的员工。有一次，年底开年会，每一个部门都需要选送 5 个节目，由于送货员平时也没有什么特殊的才能，部门里面凑集 5 个节目有困难。黄忠波主动申请要表演魔术，大家都对他投去诧异和怀疑的目光。

年会那一天，全公司几百人，每个人的节目都不错。有的人唱歌，歌声悠扬；有的人跳舞，精彩依旧；有的人说相声，趣味不断。等到黄忠波的时候，台下的好多领导都在惊讶，公司里面的送货员会变魔术吗？黄忠波空手变红布让很多人都惊呆了，接下来他又上演了"五花大绑"，同事小刘是他的助手，黄忠波将自己五花大绑，然后和小刘同在一个布帘之内，仅仅过了几秒钟的时间，布帘被扯下，变成了小刘穿着黄忠波的衣服，然后被五花大绑起来，而黄忠波则穿着小刘的衣服，大摇大摆地站在观众的面前。这个时候，公司的老总都已经站起来为他鼓掌了。

接下来，黄忠波又上演了"大变活人"，他请部门经理上来，进入自己的箱子，然后将箱子在地上迅速旋转，打开之后，部门经理消失在大家的眼前。就在大家都在惊叹的时候，部门经理从观众席中向大家挥手，然后走出来。这场年会因为黄忠波的出色表现精彩非凡，老板为了鼓励黄忠波，还将年会奖金 8000 元奖励给他。在日后的工作中，每一个同事都主动和他打招呼，还将他的名字换成了"魔术师"。

进行魔术表演的时候，往往通过魔术师精妙的语言来预设一些情景和氛围，增强其艺术感染力。另外，魔术的不可知性也让魔术充满了浓郁的神秘色彩。一个会变魔术的你，总能够在不经意间流露出自己的创意，让自己成为别人眼中的奇迹。著名的魔术师指出，你学习魔术，要抱着一种欣赏的态度，充分挖掘魔术意义背后的意义，要多为自己的观众着想，那么你的独特之处就会体现出来。优秀者必须至少学会三种魔术，魔术能够带来"见证奇迹的时刻"。魔术也让人多了几份味道，让你变得魅力十足。

学习用外语讲日常短语

美国西北大学神经生物学和生理学教授克劳斯博士说："由于你的脑子里运行着两种语言体系，你会变得非常善于决定哪些声音有意义，哪些声音没有意义；你的思维就如同在表演杂技一般。"

学习外语对一个人极为重要，外语不仅仅是一种生存的技能，更是一种日常交际强的体现。根据相关研究结果显示，同只能将一种语言的人相比，能说两种语言的双语者能够更好地集中注意力。长期以来，科学家们一直怀疑，一些人的思维能力的提升可能与学习多种语言的过程中形成的大脑网络结构差异有关，这就如音乐家们为掌握一种乐器而进行长期练习之后，其大脑结构会发生改变一样。学习外语对于人的思维和大脑的结构具有一个刷新的作用，双语能让人变得更加地敏锐。

语言的学习需要有一个环境，中国人学习外语的语言环境并不是很好。周围的人学习了外语之后，很少能够在日常的生活中得到运用和联系，导致很多人学习外语都类似于"哑巴外语"。说的时候出现问题，运用答题的时候，却灵敏得很。《美国国家科学院刊》上的一项研究结果显示，美国西北大学的研究者首次证明了双语者的大脑在处理语音时的不同之处。与单一语言的人相比，双语者更善于识别人们说出的音节，即便是这些音节埋没在嘈杂的声音里。优秀的人如果能够在日常的生活中，试着用外语交流，对于外语的学习和提升有明显的好处。

郭刚在公司里面有着很特殊的地位，由于公司是外企，公司里面对于员工的外语要求很高。但是很多同事在日常的生活中，主要还是以汉语为交流语言。但是郭刚在这方面就表现得很不一样，对于公司每年的语言考察上面，他总是能够独占鳌头。当总经理让他介绍一下自己的语言学习心得的时候，他说："语言只有平时经常联系、经常使用才不会被扔下，为什么中国人会说汉语，而且不会因为什么原因就忘记，因为有语言的环境。而公司的英语却只是在交任务的时候，发个邮件，却很少能够体现在平时的工作之中。所以很多人在英语不是很频繁的使用下，语言的能力就会下降。"

所有的员工听到了郭刚的说法，都纷纷点头表示赞同。郭刚继续说："语言如何能够熟练地使用，在日常的生活中，一些简单且常用的日常短语，我们就可以用英语等外语来代替，比如谢谢、你好、你很漂亮、保证完成任务、请稍等。这样的语言简单却不至于让我们对英语产生一个陌生的情绪。"

公司因为郭刚的积极表现，将他由普通的员工升职为副经理，并将公司的员工管理和日常的检查交给他。从他开始上任那一刻起，将公司中日常的用语都改成了英语，公司的工作气氛也立即浓了起来。

健康研究中心研究人员称，具备说一种以上语言的能力，可能还有助于人们保护记忆力。而且能说越多的语言，人的认知力会越强。我们在日常的生活中，多用外语作为日常的用语，感知能力也会提升。感知能力强的人，对于生活总是充满新鲜和乐观，总是阳光、积极向上的。能够用外语作为日常用语，也能够给周围的人提供语言环境，对于身边那些学习外语的人具有直接的帮助作用。

与其网上聊天，不如多看看新闻

中国有句老话说："活到老学到老"，看新闻也是一种学习，而且是很有效的学习最新知识的途径，有利于你增广见闻，了解世界形势的变化。

一个真正的优秀者，是不会把时间浪费在网络聊天上的。只有无聊的人才整天将自己挂在网上闲聊。况且一个人每天都奋斗在自己的事业上，忙着工作或者做生意，怎么会有时间卸掉全家人的期望和对自己爱人的承诺，一个人在网上整日聊天？你应该将自己的时间用在该用到的地方去，比如多看看新闻，这样有益于增加你的知识和见识。

真正优秀者对于每天网络上或者电视上的新闻实事应该是必看的，哪怕有些事情不是你说了算的，但是你得了解。当下的经济政策是什么？国家的某个地区或者最近有什么值得关注的大事，真正干大事者，都会主动去了解时事，以备于随时更改自己的前行方向。

看新闻能够看到最新的世界形势和各方面的发展状况，优秀的人通过看新闻，能够从中取得致富的商机。而且，看新闻能够让你对很多事情都了如指掌，虽然很多事情你说了不算，但是并不代表你可以不知道。当然，看新闻能够增广见闻，增长知识，这样即使你和一个不熟悉的陌生人聊天，你也能找到你们之间的共同话题。看到新闻还可以增强自信心，充实自己。当然新闻还可以帮你矫正你的时间，因为新闻联播每天都是准时播报。当你认真地听新闻的时候，你还会发现你在平时的生活中，读错了很多字。新闻上播报的人员都是普通话说得非常标准的，时间久了，能够纠正你的发音，使你拥有一口流利和标准的普通话。

每周至少看一本书，写一篇日记

> 书是人类进步的阶梯，著名作家毕淑敏所说："日子一天一天地走，书要一页一页地读。清风朗月水滴石穿，一年几年一辈子地读下去。书就像微波，从内到外震荡着我们的心，徐徐地加热，精神分子的结构就改变了、成熟了，书的效力就凸现出来了。"

每个人在步入社会后，就无法避免不与别人交往、交流，在交流的过程中，谈吐和修养是最能征服别人的。一个有知识的人一定要常看书，一个有智慧的人一定要常写作。无论你多忙，工作有多繁重，你一定要抽出时间来写写文章，看看书。只因为这样做能够改变一个人的思想和行为。一个人要改变自己的思想，必须能够每天都读一些好的书。读一本好书就像是交了一个好朋友，它能够帮你走好自己的路。读书能够丰富你的生活，写作能够提高你的智慧。喜欢看书和写作的人，一定会有一个好的心态，因为知识和智慧的海洋是无边无际的。

在竞争激烈的社会中，在重压下，每个人都有可能会心浮气躁。而读书则能让一个人冷静，写作能够让一个人成熟。读书是一个人制胜的法宝，会增添人的儒雅之气，古语有云："腹有诗书气自华"，喜欢读书的人能够经过岁月的洗礼，能够让备受工作压力而浮躁的心静下来。

邱茹是一个让很多男人都喜欢的女人，她已经快30岁了，仍然有一群男人愿意围绕在她的周围。因为邱茹是一个很有思想的女人，她除了工作以外，还有很多自己的爱好。尽管身边的好男人不少，但是能够让邱茹喜欢的却只有李湛一个人而已。李湛是一个很有修养的男人，虽然他条件一般，但是他除了工作以外，就很喜欢读读书，写写字，还有一本很厚的"李公子本纪"。

当邱茹去找李湛的时候，总能看到他在家里面看书、写字，这让邱茹觉得眼前的这个男人真的很特别。因为现在的社会，网络信息发达，很多人都选择用闲暇的时间上网聊天，打游戏或者看看电影，像李湛这样的男人真的是凤毛麟角了。邱茹每次和李湛谈话的时候，总能从他不凡的谈吐中，听到一些震撼自己心灵的东西。虽然李湛外表并不帅气，但是超凡脱俗的谈吐和儒雅的气质让他看起来，总是比那些外表光鲜亮丽的男人更有神秘感。

　　邱茹对于自己不懂的事情或者想要知道的知识经常会向李湛请教，对于李湛也是十分地信任。有句话说："女人对男人的爱，多少都带点崇拜。"对于李湛这样有着深厚内涵的男人，邱茹怎么会不崇拜，不爱呢？

　　一个人保持优秀的秘诀就是不断地学习，读书能够让一个人提升自己生活的品位和智慧，写作不仅仅能够练习文笔，还能让一个人随时记录自己的生活。查看日记或者自己的作品，可以很直观地了解自己的生活，有何不足和需要如何提升。一个人可以不漂亮，可以没钱，但是不能没有修养，没有内涵。喜欢读书的人即使走在人流涌动的人群中，也同样地引人注目。他们不是因为长相俊俏，也不是因为丑陋无比，而是有种气质，让你忍不住多看几眼，这种气质就是他们在读书中修养起来的浑身充满的书卷味。

　　大富大贵者不一定是有修养的人，而有修养的人一定是有学识的人。当一个人拿起一本书的时候，他会得到不同的空间或不同的世界，所以读书使人得到不同的风雅和品位。古人云："万般皆下品，唯有读书高"。喜欢读文学书的人，一定是感情丰富之人；喜欢看哲学书的人，肯定有着一种高人一等的洞察力和分析力；经常读经济或为人处世类型书籍的人更多地偏向实用主义。喜欢读书的人，考虑事情周到细密。"肚中有墨"是一个人的立足之本。

无论多忙，每周都要挤出时间去锻炼

法国著名医学家蒂素说："运动的作用可以代替药物，但是所有药物都不能代替运动。"健康是幸福的主要因素，锻炼是健康的重要保证。在这个世界上，没有比结实的肌肉和新鲜的皮肤更美丽的衣裳。

法国启蒙思想家伏尔泰说"生命在于运动"，而"身体才是革命的本钱"。一个人如果想让自己过上不一样的生活，实现自己的人生梦想，你需要让自己拥有一个好的身体。无论自己平时的工作多么繁忙，至少你应该给自己拿出一部分的时间去锻炼。你或许不需要像施瓦辛格或者阿兰·德龙那样强健的身体，但你至少要掌握一些体育运动。也许对于这些体育运动你不一定要很擅长，但是无论是球类、棋类，你至少应该懂得并知道一些基本的玩法。因为在平时的工作和生活中，总不能让老板或者上级领导带领大家工作之余休闲，而你在冷眼旁观。

对于很多人来说，至少应该懂得足球，足球是比较考验技能和体能的运动。如果一个人说自己没有时间和精力去运动，其实就只能归咎一个字：那就是"懒"。生命在于运动，而且可以强健身体、陶冶性情、磨炼意志、一举多得，所以你必须运动。无论你是否喜欢运动，你都应该定时定期运动，没有时间锻炼身体的人，早晚会被繁重的劳动累垮。我们往往看到电视中那些运动员强壮的身体和充沛的精力，他们生龙活虎的生活状态就是因为经常进行体育锻炼的原因。

小强在社会上打拼了几年，感觉自己的体质越来越差。无论哪个同事感冒了，他总是公司里面第一个被传染的，而且通常大病、小病都不落下。小强的身体素质和他的名字正好相反，不仅不强，而且还很弱。有的时候帮助女同事搬一个箱子，都会肚子痛、手抽筋。每天上班就在办公室里面坐一天，下班坐车回去，上楼坐电梯，回到家躺在沙发上看报纸，或者坐在沙发上看电脑，晚一些就睡觉了。循环往复，一直不变。

小强没有感觉到工作繁重，但是尽管如此，自己还是感觉劳累不堪。有的时候偶尔爬个楼梯，才到二楼腿就酸得发抖了。小强一直觉得自己没有时间锻炼，而且也不知道缺乏锻炼会有什么样的后果。

有一次，公司举行一次全员越野大赛，第一名的奖励 5000 元，前三名都有丰厚的奖金，但是能够坚持下来，没有中途退缩的，公司也会给予奖励。起初跑的时候，小强一直在心里面暗暗地为自己打气，因为坚持下来的奖金也很多，自己也不想被同事们笑话，因为没有人在中途就退场的。

跑了一段后，小强感觉到一阵眩晕，还有呕吐的感觉，另外自己的胸口也是火辣辣地痛。再跑了一小段之后，他眼前一黑，晕倒在了路上。他被送到了医院，医生的诊治结果是没有充分的训练和锻炼，他的大脑出现了缺氧现象。

康复后的小强开始每天走路上班，坚持每天都爬楼梯上楼，能站着动一动，坚决不坐着静下来。周末的时候再也不待在家里上网了，而是选择出门到外面跑步或者去健身房，开始进行体育锻炼。

这样坚持了一年以后，小强不仅仅有了健壮的肌肉，而且几乎很少生病了。公司里面女同事的体力活儿他几乎全部都包下了，大家都称赞他很棒。

体育锻炼不仅仅能够增强体质，同时也能够提高心理素质，而且可以增强疾病的免疫抵抗能力。曾有句著名的话说："体者，载知识之车，而寓道德之舍也。"居里夫人也曾说："科学的基础是健康的身体"，健康的身体离不开体育锻炼。体育锻炼能够改善情绪状态，提高自己的智力功能，能够让人的思维和反应获得提高，还可以让人的性格变得开朗，疲劳感下降。你如果能够坚持体育锻炼，可以降低自己的焦虑反应。人们通常选择在心情压抑的时候去运动，其实就是因为运动可以有效地宣泄坏心情。

无论平时的工作有多忙，为了自己的身体健康，你一定要挤出时间去进行体育锻炼。体育锻炼不仅仅能够强健身体、增强体质，还具有完善身体、修炼心境、健康心灵、健全人格、提高适应能力等功能。适当地进行体育锻炼不仅仅能够从身体上达到一个健康的状态，也能够从精神上达到一个健全、健康的状态。体育锻炼不足，会导致一个人的身体健康水平下降，而且情绪也比较多变。所以，你应该保持经常性的锻炼，体育锻炼可以让人消除疲劳，同时也能达到身心的放松。有很多人还从体育运动中改变了自己沉闷的性格，变得十分开朗健谈。

无偿的献一次血，奉献你的爱心

热血是生命的标志，无偿献血是文明进步的标志。民族在奉献中崛起，生命在热血里绵延。献血不仅可以挽救他人的生命，还可以保证自己的健康，两全其美。

一个人在这个世界上最重要的不是金钱、名誉和地位，而是健康。健康是这个世界上最宝贵的东西，当你一旦失去它的时候，你才能感觉到它是多么的重要，你才会更加地珍惜它。健康对于一个人来说是非常重要的，如果有一天健康离我们而去，那么我们生存的意义将会全部失去。献血不仅仅可以挽救他人的性命，还可以保证自己的健康，可以说是一项两全其美的事情。我们能够看到很多人因为输入了新鲜的血液而康复，能够救人一命，自己又同时能够获得健康，这种实现人生价值的方法非常可贵。

为了能够救济更多的人，人们建立了完备的血库，以备不时之需。而这里面储备的血浆就来自千万个志愿者。如果能用自己的鲜血，使另一个人获得重生，这是一件多么幸福和伟大的事情。更何况天有不测风云，谁也无法保证自己一辈子都不出事，别人接受了你的血液救治，你也有机会接受别人的回报。献血是一种储蓄，在血液的银行里储存了自己的血液，也相当于储存了健康。科学家研究指出，一个成年人参加正规途径的献血，基本上不会影响身体健康。而且会因此排出血液内的毒素，并刺激骨髓的造血功能，使人体的新陈代谢更加旺盛。

周汝之是一名大学教师，有一天上课的时候发现了他的学生在课堂上玩手机，他是一名中年人，想到有学生在课堂上如此不遵守纪律，就气得火冒三丈。结果将学生的手机暂时没收时，学生说了这样一句引起他注意的话："老师，您能别没收我的手机吗？我这个群里有个年轻的妈妈生命垂危，急需稀有血型去救治，我是问咱们班谁是那种稀有的血型，只有3天时间了，如果这3天里找不到的话，那么就将有一位新生儿失去母亲。"

周汝之听到了这个学生的话，没有说什么，他自己看看手机上的消息。原来是一位贵州农村的孕妇，因宫外孕大出血，生命垂危。而缺乏的血型就是极其罕见的ABRH阴性血型，而整个贵州省都没有那种血型的储备。周汝之看到这个，立刻向那名学生询问，这名孕妇现在在哪个医院，因为他自己就是这种血型。

学生们听了之后都感到很惊讶，原来老师身上流淌着因稀有被称作"熊猫血"的ABRH阴性血型，这种血型在人群之中的比例只有万分之三。周汝之和学校请了假就只身远行千里来到贵州山区，献出240毫升鲜血，挽救了一位农村孕妇的生命，事后又悄然离开。后来电视台经过多方打听，才知道原来是周汝之，一名大学教师献的血。

当记者问周汝之为什么要特意请假去献血的时候，他说："献血救人，我一定义不容辞。"周汝之为了献血救人，自己拿出了2000多元的车费，颠簸了20多个小时，当他到医院的时候，看着病人家属焦急的神情，他立即要求献出400毫升血。医生看他身体单薄，又是长途劳顿，只同意抽200毫升。但是医生拗不过他，而抽取了240毫升，随后，周汝之出现了虚脱反应，院方考虑到他的安全，才停止了抽血。

后来，几年后的一天，不幸降临到周汝之的身上，因为一场车祸，他被送往医院抢救，得知他是极其罕见的 ABRH 阴性血型时，医生们很焦虑。没想到当年的那个贵州的孕妇带着自己的孩子跑来了医院，亲自为周汝之献血，使得周汝之很顺利地渡过了难关。

每年献一次血，不仅仅是为别人，其实也是为自己。献血是为自己的健康在做投资，健康不仅仅是一个人的事情，更是社会大众的事情。一个人如果能够以维护健康和公益事业作为首位来开拓自己的人生，那么关键的时候，社会也会回报他们。很多时候都是这样的，人们宁可舍弃健康，也不愿付出金钱与时间。结果得不偿失，没有了健康，也最终失去包括时间与金钱等一切东西。许多人担心献血会危害身体，其实这不过是网络上宣传的一种谬论。献血对身体无害是真的，献血后通过适量饮水在 2 小时内就可完全恢复正常血容量。而且一年献一次血，根本就不算频繁。

献血可以增强人体的造血功能，而且人体的红细胞平均寿命大约 120 天，所以每天都有大量的衰老红细胞自然死亡，骨髓又会产生新的年轻的红细胞补充，死亡和新生是平衡的。当献血后，红细胞数量的减少会刺激骨髓，新的红细胞的释放就会增加，所以献血后根本不需要担心自己的血液会减少，当然，一定要注意的是去正规的医院献血，必须确定采血的针头都是一次性，只有这样才会安全。

培养一项健康的爱好

当你所做的事情是你自己的爱好时，你会发现你做起事情来就会事半功倍，爱好能够让人变得聪明，爱好也能够给人带来动力，做自己喜欢做的事情就会在行程中得到快乐，在困难中得到鼓励。

曾经有人说："每个人应该在工作以外有一项牵肠挂肚的爱好"，的确如此。你的爱好如果与你的工作紧密相关，那么将是一件极为美好的事。如果除工作外，你还能保持坚持做一两项自己爱好的事情，那将也是非常有益的。

广泛的兴趣、爱好，能使一个人保持乐观情绪，有益健康长寿。比如中国古代一直流传的琴、棋、书、画，当然你的爱好也可以是其他的有益身心健康的类型。况且在现今这个高速运转的社会中，竞争相当地激烈，如果一个人除了对自己的工作一门心思外，再没有任何的业余爱好，那么他就会觉得自己的生活很累，而且除了工作找不到任何的其他意义。

一个人如果没有自己的爱好，整天碌碌无为，除了忙工作就只能是随着一些人吃饭聊天。其实，爱好的另一层意思就是多才多艺，精力充沛，感情丰富。

张超是一个"80后"，他平时除了工作，同事们都没有看出他有什么别的方面的才华。直到有一次同事们聚餐，小刘送喝醉的张超回家的时候，在张超的家里面发现了挂在墙上的书法作品和绘画。而且书法作品看上去应该是那种技法比较不错的人写的，小刘细看落款发现居然是张超自己。再一看那幅绘画作品，画的是《花开富贵》，牡丹花娇艳欲滴，活灵活现，再看挂在门上面的《八骏全图》，简直惊呆了，真的是不可多得的佳作！

小刘将张超安顿好以后，一个人坐车回家了。半路上脑海中始终浮现着张超的那些书法和绘画作品，原来张超还有这种艺术才能，真是想不到。一瞬间，张超的形象就在小刘的脑海中高大了许多。第二天，张超上班，他的艺术才华已经在办公室里面传开了。张超还不知道怎么回事，只觉得同事对自己特别地热情，连看他的眼神都不一样了。弄清楚缘由以后，张超才知道，原来自己的这点业余爱好都被小刘宣传出去了。

每一个同事都跑过来问张超："超，什么时候能让我们见识一下你的墨宝啊？"张超就红着脸笑着说："我那就是瞎糊弄着玩的。"同事余庆急忙拿来笔墨纸砚说："咱们今天刚好有一项活动，是要求每一组拿出员工的才华资助希望小学的，张超你义不容辞啊。"张超笑呵呵地说："没问题，做好事我还是比较愿意的，只不过我的手艺和专业的差距有点大。"大家都拍拍张超的肩膀说："小张，加油，我们看好你哟。"

张超从进公司开始到现在已经快有两年的时间了，第一次被同事们推举参加活动，也第一次得到这么多人的褒奖和信任。他凭借着自己平时的练习和自己对爱好的执着，很快就画出了一幅飘逸灵动的骏马图出来，公司里面的领导看到了都夸奖张超的才华，而公司里面的女同事很多都对张超产生了好感。以前默默无闻的张超，没有女同事喜欢和他说话，现在的张超一瞬间成为了办公室里面最受欢迎的男士。

一个人能够在自己工作以外的世界有所涉猎，并成为那里面的一分子，那么你的人生中至少精神是有所皈依的，而且这样的人生才是强大的。有一项健康的爱好对于一个人来说很重要，尤其对于事业心较强的人来说，至少在工作之余，你可以找到一些工作以外的精彩生活，能够让自己的精神得到寄托。爱好能够给平淡无奇的生活添加乐趣，爱好是你度过闲暇时间一种有趣的方式，也是你寻求乐趣的一种活动。有着健康爱好的人总会吸引一些朋友的注意，而且有的时候如果你在工作中得不到认可，你的爱好往往就是你获得他人称赞的最佳选择了。

几乎无法想象一个没有爱好的人，他的生活是什么样子的，生活里面有多少的无奈和无趣。集邮、养花、打篮球是爱好，抽烟、喝酒、打麻将固然不可取，却不能说不是爱好。但是抽烟、喝酒、打麻将这些活动和行为只会伤害你的身体健康，建议你多自己培养一下高雅一些的爱好，至少它可以提升你的品位，让你在众人中看上去是与众不同。

至少要精通一门技能

元代杂剧作家王实甫说："一事精，百事精；一无成，百无成。"百艺通不如一艺精，十事半通，不如一事精通。与其花时间和精力去凿许多浅井，不如花同样时间和精力去凿一口深井。

有句话说："万贯家财不如一技在身"，人要想在社会上更好地立足，总该有一项精通的技能。

拥有一项技能是生存的必要条件，拥有多项技能是生活的调剂师。你现在处理工作之外，你还有什么其他的技能吗？比如烹饪、汽修、通下水管道以及修笔记本电脑之类的。或者你还是整天沉迷于网游、在夜店买醉？你应该清醒了，再不去努力地掌握一门专业，你就没有时间了。很多人都觉得现在的生活很无聊，其实无聊的并不是生活的本身，只是你不愿意走出那个无聊的生活圈子。只要我们给自己多找一些理由，将自己感兴趣的事情培养成一项可以谋生的技能，说不定原本无聊的生活会一下子就改变了。

周延是一个很热心的男人，他自己本来是做工程师的，但是由于从小就兴趣广泛，他对于汽车修理以及汽车的改装也很在行。两年前，他买了一部二手车，由于改装需要高额的费用，于是他便决定自己动手。他仅仅用了一个周末的时间，就将原本普通的车子改成了时尚气派的样子。每一次，他将自己改装的车子开出去，同事们见到了都称赞周延的手艺了得。

周延的朋友的姐姐有一部车，这部车由于年头比较久了，所以总是需要修理，而每次修理都要花费很多钱，虽然想直接换一辆新的，但是这种东西总是感觉"食之无味，弃之可惜"。听说周延有这门手艺，朋友就将姐姐的车子开来，让周延帮忙修理，结果周延不仅修理好了车子，还将车子改装成了一部新车，这款车的样式成为了街上最耀眼的目标。为此，朋友的姐姐为了感谢周延，经常请他吃饭，两个人后来发展成为了情侣。

渐渐地，周延的手艺通过公司的同事传到了公司老板那里，老板也将车子开过来，交给他，老板十分信任周延，觉得自己的车子交给周延来修理和改装，总要比那些不了解的维修厂要可靠得多。而且，老板还为周延的修理和改装付出了一笔可观的报酬。

从此以后，周延不仅有自己的本职工作，而且他利用自己的休息时间帮助同事处理各种各样的问题，同事们在工作中也尽量地帮助他完成工作。他在修理和改装车上面获得了乐趣，同时也取得了额外可观的收入。而且周延在公司每一个同事的心中都有着很高的地位，他也间接地实现了他的人生价值。

有句话说："凡事预则立，不预则废"，一些优秀者都会在事发前做好充分的准备，这时就看出拥有一项谋生技能对于我们人生的重要性了。其实一个人身上的知识、学问和技能是任何人都抢不走的。

作家刘墉在随笔《萤窗小语》中曾表示他在 13 岁那年，家里面发生了大火，父亲生前珍藏的书画全部都化成了灰烬，当时他幼小的心灵真是觉得前途茫然。但是后来他就想，即使大火今天焚毁我所有的书画，只要我逃出去，明天提起笔，不是又有新的作品了吗？只要有一技在身，无论发生什么事情都不会觉得是毁灭性的大事，一切都可以解决。的确是这样，万贯的家财早晚有花光的时候，但是如果人有一项精通的专业技能，你就可以创造更多的物质和精神财富。

每三到五年写一份小自传

看惯了别人，有的时候就需要低头仔细审视一下自己，因为自己才是自己最好的朋友。人生中的每个阶段，都应该给自己做一段总结，查看过往，希冀将来。在你还有时间、有机会改正的时候，不要放弃，力求完美本没有什么错。

人应该为自己总结，也应该学着为自己总结。在中国的古代，那些被称为明君圣主的皇帝经常会写一些"罪己诏"，因为人要总结自己，并从中获得提升。现在的人能够检讨自己，并给自己写一写小自传的不多了。如果一个人只是在生命的最后一刻写一部自传，那么留给后代人的是一部可观的思想遗产，而对于你自己却意义不大，因为你将没有机会再改正自己的错误。你带着自己的这些过往，无论是应该发生的，还是不应该发生的，都只能是走进坟墓，把你的一些希冀带到虚幻的来世。其实，人应该每到三年或者五年就给自己写一份小自传，这样你才有机会回顾自己的过往，并知道后续的事情怎样地发展了。

有句话说："偶尔摔一跤并不可笑，可笑的是每一次都在同一个地方摔倒。"人犯错误不可怕，可怕的是知道错了还会犯。如果清醒地知道自己在这个世界上的某一段时间具体做了什么，不妨给自己写一份小自传。而且优秀者应该具备这样的文笔和观察力，应该是深刻地了解自己，并对自己以往的事情很负责。人为什么要给自己写一份小自传，当然我们不是名人也不是为这个世界做出了伟大贡献的人，没有人会给我们写什么，记录我们生活的种种，但是我们可以给自己写，然后以另外一种看客的目光观察着自己的过往。

法国启蒙思想家、著名的自然主义教育家卢梭在《忏悔录》中有这样的一段话：

这是世界上绝无仅有、也许永远不会再有的一幅完全依照本来面目和全部事实描绘出来的人像。不管你是谁，只要我的命运或我的信任使你成为这本书的裁判人，那么我将为了我的苦难，仗着你的恻隐之心，并以全人类的名义恳求你，不要抹杀这部有用的独特的著作，它可以作为关于人的研究——这门学问无疑尚有待于创建的第一份参考材料；也不要为了照顾我身后的名声，埋没这部关于我的未被敌人歪曲的性格的唯一可靠记载。

最后，即使你曾经是我的一个不共戴天的敌人，也请你对我的遗骸不要抱任何敌意，不要把你的残酷无情的不公正行为坚持到你我都已不复生存的时代，这样，你至少能够有一次高贵的表现，即当你本来可以凶狠地进行报复时，你却表现得宽宏大量；如果说，加害于一个从来不曾或不愿伤害别人的人，也可以称之为报复的话。这几本充满各种错误而且我也没有时间重读一遍的小册子，足使任何热爱真理的人找到真理的线索，并向他提供通过自己的调研来掌握真理的方法。

不幸得很，我觉得这些小册子似乎很难、甚至不可能逃脱我的敌人的严密监视。如果它们落到一个正派人手中几或者落到舒瓦瑟尔先生的朋友们手中，或者落到舒瓦瑟尔先生本人手中，我还不信我身后的荣誉就没有了希望。但是，上天啊，你是无辜者的保护人，请你保佑这些证明我无辜的最后资料不要落到布弗莱、韦尔德兰两位夫人以及她们的朋友们的手里吧。你在一个不幸者的生前已经把他送到这两个泼妇手里，至少别把他这点身后的名声再让她们去糟蹋吧。

一个人应该给自己做一个传记，对自己的过去进行总结。你要把自己过往岁月的功与过都记录下来，不断反思、总结，让自己不断成长。

给自己录一段视频，站在另一个角度看看自己

站在别人的角度看自己，会有不一样的一番感受。从别人的角度看自己，可以更加客观。别人是客，经常能够破除自己对自身的幻觉。每个人在自己顺利或者不顺利的时候，对自己的评估也是随着遭遇的情况而沉浮。

在闲暇时间，你可以给自己录一段视频，然后站在另一个角度看看自己。比如你可以录一段视频给 20 年后的自己，你可以说说你现在的状况，或者预想一下 20 年后的自己。你可以将设置这份录像的密码权给你最好的朋友，20 年之内你无法再打开它，这份录像也许是在 U 盘或者光盘上，总之一定要保存好，保证这个视频在 20 年以后还能够观看，并且不要丢失就可以了。你可以在这份视频里面说一下，自己现在用什么型号的手机，或者自己现在有什么喜欢的人，想要做的事情，自己最希望能够得到什么人送的什

么礼物。

20 年也许太长，或许你可以每 5 年或者 10 年就给自己录一段视频，或者你可以选择几个月或者是一年、三年，总之你应该给自己录一段视频，这样你会发现原来自己认为没有变化的自己，原来有如此大的变化。而且你能够根据未来的你比对当初的你，你知道你增加了什么智慧，少了哪些幼稚的想法。而且置身于外的你看到视频中的自己，那种感觉绝对和你平时生活中的自己，与你在镜子中的自己完全不同。你以一种看客的角度看着视频中的自己，你知道原来在你的视野之内，内心之外，自己是这样的，看上去陌生而熟悉。

凌霄是一个 28 岁仍然奋斗在公司最底层的员工，他整天无所事事，不求上进，觉得自己赚的钱只要能养活自己就已经很不错了。父母劝他上进，女友劝他改行或者跳槽，但是他都当成耳旁风。他觉得自己没有那么多伟大的想法，至少现在生活也还算可以的。

可是有一天，他收到了一个包裹，是一个 10 年前的老朋友邮过来的。他心里面想："刘安，这个人好久都没有联系了，怎么忽然间给我寄东西。"他迅速地打开包裹，只见里面有一张光碟，他拿出这张光碟的时候，觉得有些熟悉。然后他拿来电脑，放在里面播放。接下来的画面让他有些啼笑皆非，并且大吃一惊。

电脑的屏幕上出现了一个年轻的小伙子，好像刚刚摆脱稚气的脸。很意气风发地说："10 年后的凌霄，你好啊，我是 18 岁的你。明天我就要去上大学报到了，好想知道大学会是什么样子，有没有恶毒的教导处主任，有没有漂亮的姑娘？"看到这里的时候，凌霄哈哈大笑起来，想想当时的想法真是很好笑的。画面里的自己开始接着说："人家都说大学里面可以自由恋爱啊，也不知道是不是真的。我怎么脑袋里都是姑娘，真没出息，哈哈。"凌霄也跟着笑了起来，眼睛里都笑出了泪水。

"我今天出现在这里是想告诉你啊，我将来想要成为一个公司的总经理，或者成为一个工程师之类的。还有我超级喜欢班上那个罗蓉蓉，10年后，你告诉我，罗蓉蓉是不是我老婆？"凌霄看了这段，才想起自己以前还有喜欢的对象，罗蓉蓉这个名字似乎离自己已经很多年都没有被提起了，也许她早就嫁人了。公司的总经理？自己现在连总经理助理都没当上啊。

"今天老妈说我很帅，哈哈，想想都高兴呢！今天就说这么多吧，这个光碟就放在刘安那小子那吧，谁让他是我最好的铁哥们，啊，18岁，下次见到你的时候，我已经不知道要变成什么样子了。28岁的凌霄，你不要对不起我啊。"刘安那个时候和自己的关系有那么好，这几年虽然都不怎么联系了，但是刘安还记得这张10年前的光碟。想到这里，凌霄决定自己应该拼搏一下了，为了10年前自己吹过的牛。

也许你早就不记得青春年少时期，自己有过怎样的宏图大志了。也许你甚至都不知道自己走路是什么姿势，自己说话的时候，嘴巴是不是歪着的，自己笑的时候是什么样子的。给自己录一段视频，看看生活中那个最熟悉的自己，你是不是感觉有那么一点点陌生。虽然你每天都和他在一起，吃着同样的食物，有着同样的思想，但是你却不知道原来自己的样子自己如此地不了解。你应该给自己录一段视频，不管你是否优秀，你都应该和10年后甚至是20年后的自己对对话，看看自己是不是还有年轻时候的那些激情，看看自己到底和自己想象中的有哪些不同。

有一项值得自己骄傲的小发明

优秀者应该有一项甚至多项的小发明来填补自己人生的履历空白。一个人，如果在一生中没有什么说得出口的小发明，实在是一件很难为情的事情。

我们这辈子应该做的事情太多了，至少应该有几件是"说得出口，拿得出手"的事情。比如我们至少应该有一项自己值得骄傲的小发明，科学的小发明是一件人人能做的事，也是一项趣味无穷的实践活动。况且，很多人天生就有着这方面的潜质，何不放开手去试一试呢？当然很多发明并不是"眉头一皱，计上心来"这么简单就能够完成的，在时间的过程中，总是能够遇到各种我们意想不到的状况。有的人可能会想，我的脑袋怎么可能想到那么多的伟大的发明，我又不是发明家。但是你或许并不知道，许多发明并不是在我们本身就已经构思出了什么宏伟蓝图下产生的，都是在不经意的一瞬间，灵感的火花爆棚才产生和发明创造了那么多不可思议的东西。

很多存在于我们生活中的正常现象，我们都习惯了熟视无睹。比如每个人都能看到煮开了沸水的茶壶，盖子被顶开了，但是却只有瓦特发明了蒸汽机。你不是一个发明家，不需要非有一些震惊全球的大发明，哪怕是生活中一直都很管用的小发明，这样也是值得骄傲的。很多人思维一直都是富于浪漫和雄奇的，优秀的人更应该

100

有一项甚至多项的小发明来填补自己的人生履历空白，这是一件极为有意义的事情。

小明是一家广告公司的普通职员，平时喜欢搞一些小发明，比如自己自制的竹藤椅，不仅可以躺在上面睡觉，而且有的时候还可以折叠作为竹藤桌子来使用。自己家里面的电脑电线满地都是，妻子晓蕾很不高兴，觉得这样的房间会很乱。于是小明就立即设计出了一个装电线的长塑料盒，这个塑料盒不仅仅把原来的电线弄得很清晰完整，而且屋子也瞬间干净了很多。

小明因为喜欢发明，很多的单位上的同事都很喜欢他。大家平时有什么需要的时候，小明显得总是万能的。他不仅仅在日用品上有自己独特的发明改良加工创造，在其他的领域也很厉害。他的哥哥是一个焊接工人，有的时候由于电力的原因，电焊机总是出现这样或者那样的问题，小明知道了以后，用一些铜线和原来的材料，做了一个新的电焊机。这款自己发明的电焊机也成为了远近闻名最管用最省电的电焊机。

小明是家乡人眼中最厉害的发明家，如果说爱迪生和贝尔距离人们的年代已经久远了，那么小明就是大家看到并熟知的一个发明家了。小明的学习和观察能力很强，平时喜欢做一些简单但是实用的生活用具，他用一块普通的铁皮做了削皮器，还可以用几根线和小木棒做自动的捣蒜机。酷爱发明的他好像无所不通，知识非常渊博。妻子晓蕾喜欢喝茶，小明还用一块普通的铁皮做成了一个滤茶叶的网。

小明的好朋友喜欢在室内挂着各种各样的绿色装饰品，小明在好朋友家最向阳的地方放了一盆爬山虎，并在室内安放了很多相连的铁丝，结果好朋友的家里面绿色爬满墙。

喜欢发明创造的人处处充满魅力，他就像"哆啦Ａ梦"，无论什么时候需要什么样的东西，他总能拿出一些富有创意性的想法。你这一辈子不一定要扬名世界，也不一定做出什么惊天动地的大事，至少一项可以拿得出手的小发明还是应该有的。

至少为需要帮助的人捐一次款，献一次爱心

莎士比亚曾说："慈悲不是出于勉强，它是像甘露一样从天降下尘世，它不但给幸福于施与的人，也同样给幸福于给予的人。"爱人者，人恒爱之；敬人者，人恒敬之。

这辈子不求大富大贵，只希望你能够做一个善良的人。一个人至少应该捐过一次款，或者献过一次爱心，这里面慈善的不是金钱，而是心。有人说："一个人做一件好事并不难，难的是一辈子做好事。"但是有些人这辈子做了很多的好事，有些人却从来都没有做过善事，只是平静地过着自己的生活。一个有良知的人，至少要为灾区或者其他需要帮助的人捐一次款，甚至你完全可以将自己的钱直接送到有需要帮助的人手中。正所谓："大爱无私，至善无痕"，我们人人都应该以一颗慈善之心，用自己的力量去帮助他人，做到至善至美，这样才能达到更高的人生的境界。

做人要善良是人人都懂得的道理，可是有多少人能够做到呢？"诸恶莫做，众善奉行"说起来很简单，可是做起来是非常的不容易，大爱无私，真正的做善事不是为了引起旁人的欣赏和注意，而

是真心地为他人着想，去宽慰失意之人，抚慰伤心之人。现在社会中有很多行善的人，往往高调地向世人宣布，自己为某某灾区捐了多少钱，拿了多少东西，其实这到底是不是真的善良，我们无法界定。我们只知道，评价一个人看的不是他有多成功，也不是他有多大的财富，而是看一个人有多大的爱心，有多少至真至善的心。

一个蓬头垢面衣衫褴褛的小男孩儿在街上拾破烂，恰巧看到几个男人拦住了一个女孩，并索要钱财，那几个男人是城里面有名的混混，所有的人看到了之后，都不敢上去阻拦，离得远远的，小男孩看到那个女孩子哭得很可怜，于是上去制止那几个男人。

"先生，请您买一盒火柴吧。"小男孩儿说道。"滚开，叫花子。"其中的一个男人向小男孩吼道。另一个男人一脚把小男孩踢到了一边，小男孩的嘴角开始流血了。但是他又立即爬起来说："大哥哥，我妈妈说你是一个大英雄，曾经还帮过我打过强盗。"小男孩拉着刚刚踢他的男人说道。那个男人很是震惊地盯着他看。小男孩又继续说道："所以我一直都很想和你学习，帮助那些受欺负的人，可是我现在饿了，没有钱买吃的，你就买一盒我的火柴吧。"小男孩伸出手拿着一盒火柴停在半空。

几个男人都停下了看着小男孩，忽然那个刚刚踢了小男孩的男人从兜里面掏出 100 元，递给小男孩说："我买了你所有的火柴，够吗?"小男孩激动地点头。然后几个男人转身离开了。躲在墙角里的小女孩看着小男孩，他们相视一笑。

第二天，有个身材高大的人来了，说要见小男孩儿。原来是小女孩的爸爸，被男孩的善良和机智深深地打动了。当他了解到小男孩儿父母都双亡时，毅然决定把他生活所需要的一切都承担起来。

与人为善，为他人着想，这些都是能够提升我们灵魂的举动，同时也能让我们心灵获得洗礼。行善积德的人，往往会得到他人致谢的报酬，得到从未有过的尊重。文中的小男孩因为自己的善良和机智，赢得了女孩以及女孩爸爸的尊敬和肯定。有句话说："勿以善小而不为"，人要养成一种随时随地行善的习惯，在自己不断行善的道路上，也会越走越顺畅，越走越宽。

　　如果你是一个优秀的人，你至少应该为慈善事业贡献过自己的一分力量，或者你悄无声息，没有人知道地做了一件善良的事情，帮助了一个需要帮助的人。古语有云："人生一善念，善虽未为，而吉神已随之。"意思是说，一个人只要心存爱心和善念，即使还没有付诸行动，吉祥之神就已经陪伴他了。做一个善良的人，提升自己的人格魅力，每一个人都不应该拒绝。

Part 5

人际关系篇

坚持一周和不常联系的朋友
发一条短信或打一次电话

> 不常相见，多注意联系；不常通话，多发点信息；不常祝福，多送点问候；不常关怀，天冷了发个提醒。人要多多联系自己的朋友，不要最后落得个孤家寡人的下场。

朋友对每个人都是重要的，因为他们可以帮助你在社会上扩大自己的影响力。人的社会属性决定了人是要靠交情存活的，正所谓"讲交情，路好行；毁交情，路难行"。但是人际关系是需要日常维护和细心打理的，所谓的朋友也不是你想用的时候联系，用不到的时候就冷落在一边的。如何储蓄自己的人情，那么就需要人在平时的时候，也不要断了和自己朋友之间的联系。平时哪怕打个电话，发一条短信，朋友之间的互动都是你们联系紧密的铁证。

朋友之间的联系一定不能随着工作的繁忙而淡化，其实"友情储蓄"是很有必要的。在社会上闯荡的人，更是少不了人际关系的维护。不懂得经常联系自己的朋友，最后一定会落得个孤家寡人的下场。

冯成杰是一个热心的小伙子，平时乐善好施，在单位上很受欢迎。同事周鹏没有钱了，他就拿出自己的500元给他应急，楚红的男朋友和她分手了，冯成杰就假冒楚红的男朋友给楚红撑场面，出版社的大哥杨俊约不到作者，他就将自己平时写的稿子拿去顶一下。尤其是邻居陆涛出了车祸，他还帮忙拿了两万元钱治病。在很多人的心中，冯成杰又可爱又傻，似乎自己做什么都是为别人铺路了。

冯成杰后来结婚，为了不和妻子长期两地分居，于是他做出让步，自己到妻子工作的城市去重新开始。虽然远离了以前的生活，但是冯成杰经常联系以前自己结交的那些人，朋友也都很想念他，有的时候他也会找时间回去，和以前的朋友、同事、老邻居聚一聚，即使不能回去也会发信息或者打个电话给每一个朋友一句问候。

天有不测风云，人有旦夕祸福。冯成杰的妈妈因为得了病，需要 10 万元的诊费。一时间冯成杰急得四处去借钱，他一直以为 10 万元钱应该是很难凑齐的。结果让他出乎意料的是，以前单位的同事周鹏听说了冯成杰遇到了困难，于是拿出了自己打算结婚的 3 万元钱，全部都借给了冯成杰，曾经的邻居陆涛也拿出了 3 万，楚红拿出了 5000 元，出版社的大哥杨俊一次就拿了 4 万多元帮助冯成杰，10 万元在别人的眼里很难借来，但是在冯成杰这里仅仅用了两天就凑齐了。冯成杰感动得热泪盈眶，大家都纷纷过来安慰他，周鹏的姐姐是医院的医生，还帮忙找到了医院最好的医生，冯成杰的事情很容易就得到了解决。

一个人不应该让你的朋友感觉到你是那种"有事别找我，没事更不要联系我"的人。

和一个"有思想"的人交朋友

俄国作家克雷洛夫说:"但愿老天爷让我们别交上愚蠢的朋友,因为殷勤过分的蠢材比任何敌人还要危险。"近朱者赤,近墨者黑。与一个优秀、有思想的人做朋友,时间久了,你也会耳濡目染受到他的熏陶。

一个人到了二十几岁以后,就要开始有目的性地去选择朋友了。大千世界,鱼龙混杂,朋友也需要甄别。更何况社交对于一个人的发展很重要,你的朋友圈将对你的人生起着很大的作用。你如果想要扩大自己的人际交往,拓宽自己的出路,就要广交朋友,尤其要多交诤友,不交损友。人生在世,每个人都离不开朋友。正所谓:"在家靠父母,出门靠朋友。"但是对于朋友的选择是很重要的。人要选择那些在生活或者工作中对于自己起积极作用的人来做朋友,而不是能够传染你一身恶习然后将你拖下水的"朋友"。

有这样一句话:"知其人,观其友。"一个人通过你的朋友的言行,还能够推算出你的言行,所以,朋友对于一个人来说,不仅仅是朋友,还像一张名片一样,时刻的在外帮我们举起了招牌。如果你身边都是一些比你强,比你优秀的人,那么耳濡目染,不久后你也会变得和他们一样的优秀,跟成功者在一起,无形之中就会树立自己的人生目标。当然,真正的诤友是不容易结交的,因为这种朋友需要你付出极大的真诚,发自内心的真诚。对于那些有思想的人，他非常清楚你在和他结交的时候，有没有用心，有没有真心地把他们当作真心的朋友，如果他发现你在利用他，他是不会把你当成朋友一样来看待的。

李同喜是一个负责公司财务的人员，平时的时候会给公司的人算一下薪酬，统计一下考勤。李同喜的朋友张宇是公司里面的人事部专员，平时负责各省份的资源调配和报表。张宇和李同喜的关系不错，但是张宇是一个特别喜欢赌博的人，由于自己的钱输得精光，自己的生活也出现了问题，于是找李同喜帮忙想想办法。

李同喜负责公司的财务，偷偷地帮助他挪用了一部分公款，希望张宇能够在领导不发现的情况下，将钱补齐。这样就可以神不知，鬼不觉了。可是张宇拿完了钱就不承认自己拿过钱了。但是李同喜还不敢声张，因为毕竟是自己挪用了公款。而且自己当时拿钱出来的时候，的确没有让张宇留下字据，因为他觉得张宇是自己的朋友，他绝对不会干那种对不起自己的事情。

结果事情真的出了，但是李同喜却没有证据，又因为钱是自己私自挪用的，也不敢声张，简直就是"哑巴吃黄连，有苦道不出"。最后，李同喜自己用自己两个月的工资才补上了这笔钱，李同喜从此也没有和张宇说过话。李同喜终于明白，根本就不是什么人都能用来做朋友，朋友也是需要甄别的。

一个优秀的朋友可以感染我们向好的方向发展，而一个坏的朋友可能最终将我们推向罪恶的深渊。古人曾有话告诫我们："君子先择面后交，小人先交面后择，故君子寡尤，小人多怨。匹失不可不慎交友"，可见，在选择朋友方面，我们应当慎重和小心。

有一个可以吐露心声的知心朋友

俄国作家克雷洛夫说:"朋友之最可贵,贵在雪中送炭,不必对方开口,急急自动相动。朋友中之极品,便如好茶、淡而不涩,清香但不扑鼻,缓缓飘来,细水长流。所谓知心也。知心朋友,偶尔清谈一次,仁爱的话,仁爱的诺言,嘴上说起来是容易的,只有在患难的时候,才能看见朋友的真心。"

南宋诗人和军事家岳飞在《小重山》中有这样一句:"欲将心事付瑶琴,知音少,弦断有谁听?"在这个世界上,人们最伤感的一件事就是没有知音。

老梁和老董是在一次火车上认识的。当时老梁代表公司去往东北出差,在火车上偶遇了一位江西的男人,这个男人经过自我介绍叫老董。那个时候有传染性疾病,在火车上人与人之间都有戒备,老梁和老董之间也是不经意地防着对方。两个人当时都是一个人出行,彼此也是耐不住寂寞,总是想着办法和对方搭讪。一来二去,两个人找到了共同话题,陌生人之间的隔膜就立即被消除了。

两个人互相聊着自己,而且两个人还很喜欢喝酒,等到吃饭的时间,餐车来了,两个人就用酒来增进感情。一个人买菜,一个人买酒,两个人合作得很愉快。几天火车上的彼此了解,两个人成为了"熟人",等到老梁到站下车的时候,两个人就互留了对方的电话,便于以后联系。

几天以后，老梁就收到了老董的短信，说他已经回到了家乡了，让他有时间到自己家里玩。萍水相逢，能够留下电话就忘记的人太多了，但是老董的信息让老梁很惊奇，他立即回复："有时间一定去。"结果一晃大半年过去了，老梁也终究是没有去。结果，大年三十的时候，老董打电话问："老梁，你怎么不过来玩啊？"老梁只能说："咱们俩离得太远，没有时间啊。"

没想到老董说自己就在路过老梁家乡的火车上，老梁急忙说让他到自己的家中来，老董说："太忙了，要赶紧回家了，我给你带来点礼品，放你们火车站那个存包裹的铺子那了，你去提你的名字就能取了。"听到这句话，老梁感动得无以言表。老梁在第二年的春天，终于有机会去老董的家乡了，他给老董带了一些家乡的特产，老董也很热情地招待了他。当时老梁想要写点东西，身边很多人都嘲笑或者反对，只有老董说："你这东西可行！"

老董通过自己的关系，将老梁的书籍作品都发表了，老梁还送给老董两本。老董说："虽然我没有时间看书，但是老朋友的书还是要珍藏的。"老董和老梁认识10年的时候，老梁给老董买了一块表，然后说："一直都发现你没有戴表，这个送给你，也算是咱俩友谊的见证。"说完两个人含着泪水笑了起来。

多年保持的习惯，老梁和老董有了心事，都会互相给对方打电话，那种信任感是在任何人之间都没有的。

每个人这一生至少应该有一个可以吐露心声的知心朋友，无论对方是男是女，只要你们彼此信任，能够在烦恼的时候，诉说心事；在开心时，能够分享乐趣；能够在失意的时候相互鼓励然后振作。每个人的心里都有一个属于自己的角落，如果在这红尘之中，能够有个人解读你的失意，明白你的困惑，更懂得你的渴望，这个人就是你的知心朋友。一个人如果能够拥有一个知心朋友，真是莫大的福气。

这个世界上需要知己，需要知心的朋友。朋友多了路才宽广，心怀坦荡，世界才清澈透明。女人在这个世界上需要有闺密，男人也需要拥有自己的发小。你需要一个真正坦诚的朋友，在你困惑的时候，能够给你指引出一条走出困境的道路，可以和你喝酒买醉，也可以陪你无聊地侃大山，当你真正需要他的时候，他也能第一时间冲到你的面前。

联系一次多年未见的老朋友，叙叙旧

英国文艺复兴时期作家、哲学家培根说："老木柴最好烧，老酒最好喝，老作家的著作最值得读，老朋友最可靠。"感情越老越值钱，老朋友的意义在于互相感慨彼此的变化。

有句话说："感情越老越值钱，老朋友的意义在于互相感慨彼此的变化。"这句话读起来未免让人有些伤感，却不得不说是一句真理。每个人都有自己的老朋友，或许你们已经很久不联系了，你们已经好久没有想起彼此了，但是曾经在一起度过的那些美好的时光，你还记得吗？想起彼此带给对方的欢乐，你是不是还会会心一笑。有些人总是会在慢慢地淡出你的世界，慢慢地在你的记忆里模糊。也许因为时间、因为距离、因为没有时常的联系。很多人宁愿找些陌生人或者自己不熟悉的人聊天，也不愿意和以前的好朋友聊天。也许，你根本不知道你们要聊什么，也不知道要从何聊起。因为时间长了，而慢慢疏远了，渐渐地陌生了。

现在的网络固然是很发达的，然而当你偶然想起自己的老朋友，习惯性地打开空间，然后看到上面的显示："抱歉，该空间仅对主人指定的人开放"或者"你没有访问权限"的时候，一切感情又归于淡然了。有些好友只是在逢年过节的时候才会发下"祝福"的短信，实际上还是群发的，你没有刻意想要去挑选那个人，虽然你们彼此之间很熟悉，但是现在却多了些陌生的感觉。对于那些新的朋友来讲，那些老朋友更能够找到原来的自己，因为老朋友就像是旧的明信片，看到他就看到回忆中的自己。

宗云斌是一个公司的业务员，一次在网上筛选简历的时候，发现了一个自己非常熟悉的名字李怀德。看到这个名字，他的思绪不由得被带到了 15 年前。那个时候的自己在学校捣蛋，经常喜欢给别人的自行车偷偷地放气，总是被老师罚扫地。而那个时候当所有的同学都能准点下课的时候，总有一个身影是和自己一起被老师留下的，那个人就是李怀德。

至于李怀德，不得不说他才是捣蛋的第一勇士，他不会像宗云斌那样搞一些低级的把戏，他通常都是"恶霸"形象。最要命的是他每一次承认错误的态度都非常地诚恳，老师都拿他没有办法。

每一次扫地，他总是扫得很认真，很快，然后帮忙把宗云斌的任务也完成了。宗云斌在这个时候总会很疑惑地问："你不觉得累吗？"而李怀德总是很豪迈地说："劳动的人民是最光荣的。"听到他的话，宗云斌总是乐得前仰后合。李怀德虽然喜欢调皮捣蛋，但是却是一个学习很优秀的学生，平时总是很喜欢帮助人的。每一次他有什么好的东西，总是第一个拿来给宗云斌分享。两个人的坚实友谊就是这样奠定下来的。

回忆到这里，宗云斌笑了笑，然后按照上面的电话拨打过去，他的心情很激动，也很紧张，不知道他是不是自己的老朋友，也不知道他是否还记得自己。"喂，你好！"听到了电话那头的声音，宗云斌很激动地说："请问是李怀德吗？"对方回答："是的，你是哪家公司的？"宗云斌说："劳动的人民是最光荣的。"电话那头听到这句话忽然没有了声音，然后半分钟过去了，电话那头忽然激动地说："你是大斌子啊？"两个人笑着聊了起来，并约了见面的地方好好地叙旧。

不要丢掉自己的陈年故友，不要让时光割断一切友谊。你应该联系一下自己的老友，也许未见多年，但是你们彼此之间的感情依旧是很浓烈的，如果不是如此，至少你们之间应该是最能够给自己带回回忆中的那个人了，也许年轻的心随着岁月的流逝已经老去，但是记忆总是在你看到那个人的时候，依旧恍如昨日。拿起你手中的电话，联系一下你当年的老友，或者通过发达的网络，寻找一下自己失散多年的老友，无论彼此之间的友谊是否变淡，请遵守当年明信片上那"友谊永存"四个字的承诺。

请邻居喝一次下午茶

> 有句谚语说："动身之前，要找好伴侣；盖房之前，要找好邻居。"远亲不如近邻，近邻不如对门。和得邻居好，犹如穿皮袄，邻居是自己的镜子，要学会和你的邻居好好相处。

俗话说："远亲不如近邻"，在现在的乡村里，这句话依旧是真理，但是在城市里面却相差得太远了。套用黄宏在春节晚会小品中的一句台词："门缝里看人，把人看扁了；门镜里看人，把人看远了。"城市里的邻居几乎都是不相往来的，对于外面的观察，就是通过门镜。农村人的人际关系要比城里人融洽很多，整个村子的人都互相认识，如果自己不在家，孩子回家在大门号几嗓子，很快就会被邻居接回去喂得饱饱的。

对于一个有心人，应该主动和邻居搞好关系。因为平日里你和他住得最近，一旦有什么事情，他能够第一个知道，并且给你帮忙。如果有可能的话，不妨主动打破僵局，找邻居喝一次下午茶，拉近彼此之间的关系。有人说，城市里的人普遍是没有安全感的，他们把大门装上厚厚的钢门，给窗户安上钢栅。整天对钥匙提心吊胆，生怕一不小心弄丢了，落得个露宿街头。而有时如果一不小心把自己反锁在家里，那也同样麻烦，因为邻居听不到你的喊话，即使听到了也懒得理你。

张永和妻子都是农村人，两个人在大学时期就在一起了，工作以后定居在城市里面。因为习惯了小村子里的热闹和人与人之间的融洽关系，夫妻二人在城市里面刚刚住了不到半年，就要被城市里面的这种情况给逼疯了。每一次都在门镜里面观察自己的邻居，争取记住邻居的样子，知道和他是一个单元的，有的时候很想和邻居搭讪，但是人家到门口，"咣当"一声门就关上了。夫妻两个人都有意想要和自己的邻居处理好关系，但是却没有什么理由请邻居吃饭或者做别的事情。两个人谁都不好意思开口，这个事情就暂时搁置了。

有一次，张永忘记带门禁扣了，走到小区的单元下面，就被挡在外面进不去了。而妻子又没有下班，没有办法，只能按邻居的门禁开关了。随着几声铃响后，一个陌生的声音接起了电话："你是哪位？"张永紧张地说："不好意思啊，我是你对门，你的邻居啊，今天我忘记带门禁扣了，您能帮忙开一下门吗？"怀着忐忑的心情，张永等待对方的答复。"哦，可以啊，你看开了吗？"门被邻居打开了，张永高兴地说："谢谢你啊，太感谢了。"邻居说："没事，不用谢啊。"

张永上了楼，站在门前掏钥匙，感觉到自己的背后有眼睛在注视自己，他猛地一回头，发现邻居的门镜处有黑影，张永想一定是邻居确定是不是自己。然后，他开门走进屋子里了。到了晚上，妻子回来了。他急忙把自己今天忘记带门禁扣这个事情和妻子说了，妻子很高兴地说："这下我们就有理由请邻居喝下午茶，或者吃饭了。"两个人高兴地笑了起来。

第二天，正好是周末，张永夫妇观察了一早上，发现对门的邻居都没有出门，看来是没有什么事情了。张永被妻子怂恿后，小心地敲了敲邻居的门。过了好一会儿，邻居来开门，看到张永笑了一下,张永说:"那个,我是对门的,请你们夫妻俩到我们家喝茶。"对门的邻居听到了急忙笑呵呵地说:"这怎么好意思,还是你们来我家吧。"张永说:"昨天都帮我开门了,还不知怎么谢你们呢。"两家礼让了一番,邻居就被张永请到家里面喝茶了。

夫妻两个人热情地招呼着邻居,邻居也十分热情地回应着,终于打破了人与人彼此之间的那种僵局。张永夫妇终于不觉得自己在城市里面没有乐趣了。

营造良好的邻里关系,会给生活带来极大的方便。聪明的人,你需要运用你的细心和微笑尽力去改善你们的邻里关系。邻里之间在彼此了解的基础上的相互关照、相互帮助,是人们生活中不可或缺的一项内容。中国,是个礼仪之邦,祖祖辈辈流传着许多有关邻里关系的俗语歌谣,如今听来仍然极有教育意义。比如"有缘成邻居,附近伴如亲。"作为邻居,低头不见抬头见,要处理好双方的关系。富有责任感的人,往往邻里关系也处理得比较好。

帮助一个陌生人,不求回报地奉献一次

华罗庚说:"人家帮我,永世不忘;我帮人家,莫记心上。"不求回报的帮助陌生人,就像狄更斯所说的那样:"世界上能为别人减轻负担的都不是庸庸碌碌之辈。"你也将会是一个了不起的人。

　　现在社会中，帮助陌生人，已经是一件再寻常不过的事情了。只要我们经常翻阅报纸杂志，就知道在这个世界上还是好人多，只要一方有难，就会得到八方支援。当看到一些陌生人得到了帮助，那份感激与感动就会油然而生，不仅温暖了自己，也惊醒了自己。

　　中国有句老话："赠人玫瑰，手有余香。"有的时候能够帮助别人只是举手之劳，却能温暖别人一生，甚至幸福一生，同时自己也能够得到不少的快乐。一个人一生中至少应该帮助一次陌生人，不求回报，不求他人的关注。有一首歌的歌词写得很好"只要人人都献出一点爱，世界将变成美好的人间"。人这辈子有可能做过一些对不起别人的事，也有可能受到过别人无理由的帮助，其实也应该不求回报地帮助一个陌生人，这样的人生才算完满，更何况帮助陌生人，助人为乐是中华民族的传统美德。

　　小周是一家公司的普通职员，家住在镇上的学校附近。有一个星期天的晚上，他独自一人在县城里面逛街。到了晚上11点多的时候，忽然想起老婆让自己去冲洗的照片还没有拿，于是，他迅速地向数码冲印社奔去，当取出照片，一切都办理妥当之后，小周哼着歌，迈着轻盈的步子，走在回家的路上。但是当他走到三岔路口的时候，距离自己的家还有500米的地方，突然停电了，整个县城陷入了一片漆黑。

　　小周的心猛然一沉，这要怎么办呢？想要让家人送手电筒来，但是一摸自己的口袋，手机居然没带。想要打个电话，身边一个人也没有，周围的店铺都关了。摸着黑怎么走回家，尤其在这个没有月亮的夜晚。正想到这儿，忽然路上偶然地路过了一辆车，那刺眼的灯光迅速地横扫了整条马路，眼前一片漆黑的场景立刻消失，小周刚刚走了几步，眼前又是一片漆黑，即便是个爷们，他也开始心惊肉跳起来。

小周在路边站了几分钟，长长地吁了一口气，壮了壮胆子，准备就这样摸索回家。这个时候，一辆摩托车在三岔路口戛然而止，一束亮光从背后再次照亮了眼前的路。小周没有多想，就借着亮光，小心翼翼地前行。一分钟过去了，那束灯光没有挪开，两分钟过去了，灯光还是没有挪开。一直到六分钟后，小周走到了学校附近的家门口，他才反应过来，原来那辆车是在为自己照明。

小周激动地向车主挥挥手，车子也回应了一声喇叭，然后就加大油门开走了，小周站在家门口，目送那辆摩托车消失在夜色中。当小周进屋的时候，妻子和儿子正在为他担心。他把自己的这段经历告诉给了家人，妻子和儿子都为这位陌生人的好心赞叹不止。从那以后，小周也经常有意无意地帮助自己身边的陌生人，那天那位为自己照明的人做的事情让他感到很温暖，他也希望能够把这份温暖送给其他人。

帮助别人往往就是给自己留下生机与希望，每个人都不应该吝惜对别人的帮助。而且帮助别人的好处不在于得到一些回报，而在于避免发生一些不好的事情。可以避免发生不好的事情，这就是助人为乐的最大益处。

一个人独处一天，感受一下孤独的生活

周国平说："人们往往把交往看作一种能力，却忽略了独处也是一种能力，并且在一定意义上是比交往更为重要的一种能力。反过来说，不擅交际固然是一种遗憾，不耐孤独也未尝不是一种严重的缺陷。"

有句话说："人，要学会孤独，因为没人总陪你。"人有的时候需要找一个荒芜的地带，隐姓埋名，过一段默默无闻的生活。这样以后，也许你能明白活着和活过有很大的区别。不要觉得寂寞或者孤独，至少可以享受一个人独处的快乐。没有约束，不被打扰，充分享受自由。所有的事情都由你说了算，干净也好，邋遢也好，只要自己舒服就 OK。

一个人独处一天，享受一下孤独的感觉，实在是很有必要。现在很多人都喜欢有人聊天，有人陪伴的生活，其实自己独处也是不错的。周国平说："人们往往把交往看作一种能力，却忽略了独处也是一种能力，并且在一定意义上是比交往更为重要的一种能力。反过来说，不擅交际固然是一种遗憾，不耐孤独也未尝不是一种严重的缺陷。"其实独处是人生中很美好的时刻和体验，虽然有些寂寞，但是寂寞中却又有一种充实。每个人都需要有灵魂生长的必要空间，只有在独处时，我们才能从很多事物中抽身出来，做回自己。从心理学的角度来讲，人之所以需要独处，是为了进行内在的整合。

周平和朋友们玩到了大半夜，一个人悄悄地从 KTV 的后门溜了出来。头晕晕的，朋友的吵闹声和狼嚎一般的歌声似乎还在耳边回荡。他吐了几口，然后一个人摸索着回了家。最近一段时间的忙碌总是让周平觉得自己的生活很空虚很无聊。在这座陌生的城市里，没有交心的朋友，只有一些工作上的同事，因为害怕孤独，所以除了工作以外的空闲时间，他都是和同事们混在一起。出租房内异常的冷清，一个人趴在床上，慢慢地就睡着了。

翌日，日上三竿，周平爬起来，揉了揉惺忪的睡眼，一个人的孤独感立即涌现上来。他担心地拿起电话，连续拨通了几个同事，结果人家都有安排，看来自己无法避免要独处一天了。对于周平来说，没有人说话，没有人声，独处的时间很恐怖，所以虽然工作上班很累，但是他仍然希望自己每天都能上班，至少在办公室里有能够互相打趣，互相消磨时光的同事，尽管这些事同样是无聊的。

一个人煮了一碗方便面吃，打开电脑看看新闻。然后躺在床上发呆，捡起自己的脏衣服，收拾了房间。平时懒散的自己和脏兮兮的出租屋，居然能够这样光亮，真是不可思议。然后拿出笔墨，开始练字。周平才发现自己的书法已经完全退步了，练习了一会儿书法，自己跑到阳台上看看花，平时不起眼的花也这样美，以前怎么就没有发现呢？有些小花已经很久不浇水了，盆里面的土都裂开了口子。

打开电脑中的音乐播放器，歌声美妙动听，比昨晚那些家伙的狼嚎鬼哭要享受多了。这一天都没有人来打扰，周平一个人做了很多事。下午的时候还去逛了书店，好久都没有逛书店了，看书的人还是那样多，坐卧在书柜两边的人，完全忽略了提示牌"禁止停留坐卧"的提示。周平笑着拿出一本自己最喜欢的侦探小说，然后在书店度过了几个小时。

晚上，早早地就躺在了床上，回想这一天，充实而有意义。自己完全的体会到了自己想要做什么，自己都做了什么。独处的感觉没有那么恐怖，一切都是那么的清晰和安静。

如何检验一个人究竟有没有"自我"呢？有一个可靠的方法，就是看他是否能够独处。拉布叶说过："我们承受所有不幸，皆因我们无法独处。"太过于热衷交往，往往是一种相当危险的倾向。连交际广泛的伏尔泰都不得不承认："在这个世界上，不值得我们与之交谈的人比比皆是。"享受独处，感受孤独，你才能体会这个世界的细微之处，你才能发现一些你平时忽略掉的东西。人应该有一次独处的机会，给自己一次独处的时间，让自己耐心地品味一次孤独的感觉。

拜访一次生命中的"恩师"

东晋医学家、道学家、炼丹家葛洪说："明师之恩诚为过于天地，重于父母多矣。"在有生之年，拜访一次那个在你危难之时帮助你，在你低落之时鼓励你的恩师，不要给自己的人生留下任何的遗憾。

在你的生命中，是否也曾出现过这样的一个人，他总是让你在失望的时候看到希望，在你得意的时候，为你敲响警钟，让你不偏离轨道。他让你深信你一定会成功，在平时他是你学习的典范，在特别的时刻，他会助你一臂之力。他就是你生命中的永不可忘怀的恩师。在你小时候淘气的时候，有没有这样的一个人，即便你如何的淘气，他都是那样的喜欢你，并且在你不相信自己的时候，他让你知道了你有多优秀。还犹豫什么，时间不容等待，就请你，沿着学生时代那条熟悉的小路，去拜访一次你的恩师吧。

"不抛弃，不放弃"这六个字说起来容易，做起来却真难。不是你生命中的每个出现的人都能为你做到这一点，但是你的恩师却始终不觉得你是一块朽木，他始终坚信着你是一块栋梁之材，只要稍加雕饰，你就是最完美的木材。所以，在别人鄙视你的时候，他鼓励你，在别人放弃你的时候，他拉了你一把，说到这里，你有没有想起一个什么人呢？有这样的一个人一直为你做着一切，可是你却在功成名就之后，将他慢慢淡忘。

　　当站在恩师孟先生家门口时，小柯再也不敢往前走一步了。他的泪水已经频频落下，浸湿了衣襟，泪水中自己哭泣的投影，使得小柯回到了13年前。

　　13年前，自己还是一个刚刚升入高中的学生，在初中的时候，自己就是班级里面的差生，而且小柯是所有老师都不喜欢的学生之一，因为脾气大，学习差，小柯成了老师们的克星。但是小柯也不是一无是处，他的语文很好，对于文学有着自己独到的感觉。从小学的时候，他的作文就是全校的第一名。在初中的时候，尽管老师都不喜欢他，但是他的作文还是一直被老师复印，发给全校的同学品读。

　　小柯的语文很好，但是其他科目太差，导致语文老师对他也不是很好，甚至不是很偏爱。小柯带着这些灰色的记忆来到了高中，高中的生活没有多少改变，因为数学差、英语差、物理化学完全听不懂，小柯的成绩依旧是很烂。但是在一次语文课上，语文老师孟先生提出了一个问题以后，全班只有小柯回答上了，孟先生狠狠地夸赞了小柯一番。

　　此后，孟先生总是很关注小柯，并鼓励他，还经常在别的班级夸奖小柯。这对于小柯来说，简直就是最大的鼓励了。小柯经常找孟先生帮助自己看看诗文，孟先生还带着小柯参加了全国的诗文大赛，此后，小柯果然没有让孟先生失望，他获得了全国大赛的第一名，孟先生看上去比他还高兴。

　　高三的时候，要奋战高考了，那个时候孟先生已经不能再教小柯了，他年纪大了，而且又要接受任务去带新的高一学生，小柯从上高三的那天起，再也没有听过孟先生讲过课了。高考的时候，好多学生都收到了班主任的语言鼓励，唯独小柯没有。小柯很失落，因为在班主任的眼中，他是没有希望考大学的学生。但是让小柯意外的是，有一天下课，一位高一的学生跑来找小柯，并对小柯说："小柯，孟先生让我转告你，要加油，你很棒的！你一定能够成功的。"听到这句话的时候，小柯已经泪流满面了。

小柯叩响了孟先生的门，出来了一位年轻人："请问你找哪位？"小柯说："我找孟先生，教语文的那位。"年轻人说："他两年前就已经离开了，你以后见不到他了。"听到这句话，小柯手上拿的礼品散落一地。

有道是："一日为师，终身为父。"一位恩师就相当于你的亲生父母那样，他疼爱你、相信你、鼓励你，但是唯一不同的是，你的父母能够得到你的时常探望，但是他却不能。他在你的生命中本来是一个很重要的角色，却被你视为一个匆匆的过客，有些人本不能在你的人生起到什么大的作用，却成为了你生命中永远的定格。人生中很多事情都是这样，当你想要报答或是探望某个人的时候，不要迟疑，时间不等人。不要给自己的人生留下遗憾。

Part 6

家庭生活篇

了解父母的身体状况，每周打个电话

儿女的电话在父母那里是最好的滋补品，人的身体健康状况会随着年龄的增大而逐渐下降，人生当中最大的悲哀莫过于"子欲养而亲不待"，趁着父母都还健在，经常打电话关心他们一下。

有句话说："儿行千里母担忧，母行千里儿不愁"，这句话想起来未免让人感到阵阵的悲哀。父母对于孩子的担心永远大于孩子对于父母的关心。身为孩子，你要时刻记着，是谁把你养大，是谁在你吃不下饭、睡不着觉的时候，还给你打电话关心你、担心你。无论你的工作如何繁忙，至少你应该给家里的父母打个慰问的电话，了解一下他们的身体状况，知道他们的近况，一个电话也许在一个男人看来并不能怎样，但是在父母那里是最好的滋补品。

人的身体健康状况会随着年龄的增大而逐渐下降，人生当中最大的悲哀莫过于"子欲养而亲不待"，趁着父母还在，我们应该尽我们所能地让他们体会到快乐和幸福。很多人说工作忙，总是等到自己不忙的时候再去看看自己的父母，尽自己的孝道。但是时间不等人，岁月不待人。你存在于这个社会，有哪一天是不忙的？当你不忙的时候，父母还能够幸运地等到那个时候吗？尽孝道并不是所谓的让他们吃最好的食物，穿最漂亮的衣服。所有的父母都希望在自己年老的时候，最孤独的时候，能够得到儿女的陪伴，哪怕仅仅是一个电话。

　　小鹏离开家乡，一个人在外读大学。很少给家里打电话，除了钱花光的时候。有一次，他又是半个月没有给家里打电话了，在路过食堂的时候，发现了爸爸最爱吃的红烧肉，于是拿起电话拨了过去。听过了几声"嘟，嘟"后，电话的那头是熟悉的声音，小鹏从电话里面听出了父亲的惊喜，他以为爸爸有什么好的事情，或者家里面发生了什么喜事，于是问道："老爸，发生了什么高兴的事情吗？"电话的那头说："没有啊，听到你的声音就好开心呢！你怎么样，吃的还好不？"听到老父亲的问话，小鹏笑着说："老爸，你怎么总是担心我吃不好呢？你儿子又不是饭桶。"说完这句两个人在电话里都笑了。

　　小鹏结婚了以后，一直忙于工作，心思也全部放在了自己的家庭这边。一次，儿子给自己打电话说："老爸，祝你生日快乐！"听到儿子的祝福，小鹏高兴得笑开了花。深深地体会到了作为父亲的那种自豪感，心里面一阵阵暖流。忽然，他想起了母亲和自己是一天生日，挂了电话后，他立马拨通了母亲的电话，电话好久才有人接，里面传来了父亲的声音："喂，小鹏啊，你妈妈和我都挺好的啊！"小鹏笑着说："哦，今天是老妈生日，让妈妈接一下电话。"

　　听到这句，父亲很不安地说："哦，你妈她在厨房忙活呢，我替你转告就行了。"小鹏觉得很奇怪，平时自己打电话都是很积极的。忽然这时电话里面传来了一个女人的声音："李素琴，该换药了。"爸爸急忙说："我帮你妈妈去厨房忙活了，你也生日快乐啊！好好工作。"小鹏觉得奇怪，急忙问："爸爸，妈妈怎么了？怎么在换药？"爸爸急忙说："你听错了，我看电视呢！"

　　小鹏在电话里面对爸爸激动地讲："爸，我马上就去医院，你给我地址。"挂掉电话后，小鹏流下了眼泪。他已经回忆不起自己有多久没有给父母打电话，原来母亲因为一次被电线绊倒在地上受伤住院了，而父母为了让自己安心工作，居然对这件事从来都没有提过。

在你离开家很久后，回到家里，父母为你做了一桌子的菜，给你留了许多你爱吃的东西。看到你又离开家去工作的身影，他们总是很久地伫立在送你的路口。在这个世界上，最宽容的莫过于父母，最渴望亲情和关爱的也是日渐衰老的父母。年轻的时候也许真的忽略了父母，那么现在你还不拿起电话吗？

给妈妈洗一次脚，给她一个吻

英国伦敦大学心理学家多萝西·埃诺博士说："母亲那种献身精神、那种专注，灌输给一个男孩的是伟大的自尊，那些从小拥有这种自尊的人将永远不会放弃，而是发展成自信的成年人。你有这种信心，如果再勤奋就可以成功。"

母爱是人世间最温暖和最无私也是最持久的爱，相对于父爱的深沉，母亲的爱显得更加地壮烈。她为了你，经历了十月怀胎的艰辛和分娩阵痛的苦楚。而且在你出生以后，还要十几年如一日地抚养你、教育你。

长大了，我们的叛逆总是那样倔强而执着，当你不满母亲的唠叨和多事的时候，你也许从来都没有注意到她头上的白发正一根根地增多，你的长大也间接驱赶了母亲的衰老。你并不知道，母亲越是年龄增大，越是眷恋着你。她亲切地抚养着你的儿女，因为越看越觉得这孩子就像当初的你。每个人在自己成年时，或者自己成家时，就应该已经体会到父母的那种含辛茹苦。这个时候的你试着去亲自为她洗一次脚，或者给她一个吻，让她能够感受到爱，体会到人生的美妙，这才是一个人应该做的。有一篇故事说，天下所有的母亲都喜欢吃鱼头。因为她们想要把鱼肉最多的地方给自己的孩子。

崔建生的母亲是两个孩子的妈妈，有一件事至今放在崔建生的心头。妈妈每天晚上，都会为崔建生铺床，即使他已经不再是小孩子了。接下来她还有永恒不变的习惯：她会弯下腰，将崔建生的头发拨开，然后亲吻他的额头。他已经不记得从什么时候感到厌倦，厌倦母亲拨开他头发的方式。她那双因为劳动而磨损变粗的手，触碰到崔建生的皮肤，令崔建生再不能忍受，大喊道："别再碰我，你的手好粗。"从那以后，母亲再也没有用崔建生熟悉的方式与他道晚安。

虽然，后来崔建生躺在床上，久久不能入睡，自己的话始终折磨着自己，但是骄傲取代了他的良心，他从来都没有因为这件事而向母亲道歉。

很多年过去了，崔建生已经有了自己的家庭，妈妈也苍老了，是一个70多岁的老人。自己的孩子在母亲的照料下很健康地成长，自己的妻子在母亲的指导下，能够做得一手好菜。她洗的衣服上面没有任何的油渍，她用自己那双老手为爸爸捏肩。

崔建生的孩子都已经在外地读书了，即便是重要的节日也不会回来，他便和母亲一起过节。看到母亲弓着腰在厨房里面洗菜，崔建生终于鼓起勇气，他走过去握着母亲的手，轻轻地在她的额头上吻了一下，并为那晚的事情道歉。出乎意料的是，母亲竟然不知道他在说什么。而且母亲不记得这件事，也早就"原谅"了他。

崔建生此后每一个夜晚都睡得很安稳，那长久以来的罪恶感也消失了。他有时间还会为母亲洗脚，而母亲总是退缩着说自己洗，当崔建生抓起母亲脚的那一刻，他流泪了。母亲的脚不光滑，而且很粗糙。他感觉到有一滴温热的水滴掉在了自己的脖子上，抬头看去，母亲急忙把脸别了过去。

无论你的工作有多忙，你也要抽出时间常回家看看。给自己的妈妈洗洗脚，像你小时候她对你那样对她，你必须让她知道，你已经长大了，在她的培育下，优秀而光荣地成长着，她是你最爱的人。有句话说："父母在培养孩子的上面，永远都是一个失败的商人，投资巨大，收效甚微。"作为一个优秀的人，你要让你的母亲知道，你是她投资最成功的一次，永远都无怨无悔的一次。

在你生日的那天，给母亲写一封信

高尔基说："世界上的一切光荣和骄傲，都来自母亲。"给你的母亲写一封信，告诉她你能深切地感受到她的爱，她是你在这个世界上最爱的人。

很多人在庆祝自己生日的时候，都是选择和自己的朋友一起，然后唱歌、狂欢，却很少回到家里面和自己的母亲坐在那儿，吃一碗她亲手为你做的长寿面。你永远无法体会到母亲十月怀胎的感受，感受分娩的痛苦。你可知道你的生日就是母难日，在多年前的今天，是母亲把你带到这个世界，她受了巨大的痛苦，甚至与死神擦身而过，将你带到了人世间。男人要学会疼爱自己的母亲，将你的感激之情写一封信给她，告诉她，你对生命的感激和体会，告诉她，你一直知道她的爱，你将永远爱她。

在这个世界上，最爱你的人、最牵挂你的人永远都是你的母亲。一位哲人说，这个世界上任何人都会抛弃你，唯有你的母亲不会。如果有一天你因为工作忙，忘记了自己的生日，那么在你早晨起来的时候，你就能收到母亲电话的问候，嘱咐你记得吃一个鸡蛋，天冷的时候记得多添加衣服。还记得 2008 年汶川地震中，那位伟大的母亲用自己的身体为孩子撑起生命的天空。读后不禁潸然泪下，她用全世界最伟大的姿势，保证了孩子的安全，自己却去世了。

当地震后，救援人员发现她的时候，她已经没有了生命的迹象。是的，她死了，是被垮塌下来的房子压死的，透过那一堆废墟的间隙可以看到她死亡的姿势，双膝跪着，整个上身向前匍匐着，双手扶着地支撑着身体，有些像古人行跪拜礼，只是身体被压得变形了，看上去有些诡异。救援人员从废墟的空隙伸手进去确认了她已经死亡，又冲着废墟喊了几声，用撬棍在砖头上敲了几下，里面没有任何回应。

救援队确认没有生命的象征了，于是就去下一个废墟继续救人。但是当人群走到下一个建筑物的时候，救援队的队长忽然猛地向回跑，边跑边喊："快过来。"他再一次来到她的尸体前，费力地将手伸进她的身子底下摸索，他摸了几下高声地喊道："有人，有个孩子，还活着。"大家听到后，急忙过去帮忙。经过一番努力，人们小心翼翼地将挡着她的废墟清理开，在她的身体下面躺着她的孩子，包在一个红色带黄花的小被子里，大概有三四个月大，因为母亲身体庇护着，他毫发未伤，抱出来的时候，他还安静地睡着，他熟睡的脸让所有在场的人感到很温暖。

接着随行的医生过来解开被子准备做些检查，发现有一部手机塞在被子里，医生下意识地看了下手机屏幕，发现屏幕上是一条已经写好的短信"亲爱的宝贝，如果你能活着，一定要记住我爱你"，看惯了生离死别的医生却在这一刻落泪了，手机传递着，每个看到短信的人都落泪了，这位伟大的母亲用自己的身体为孩子撑起生命的天空。

母亲的爱那样地热烈而真诚，我们每个人应该选择在自己生日那天，将你许下的愿望分给母亲一份，祈祷她幸福和健康，快乐和平安。你要知道当你坦然地接受亲朋好友的祝福时，有没有想过母亲，是她给了你生命，并且用最无私的爱浇灌了你的生命，没有她，就没有今天的你。在你生日的那天，请给妈妈写一封信，告诉她，你爱她，感谢她为自己付出了无怨无悔的岁月，感谢她为自己献出宽容的胸怀。面对母亲苍老的面容，隐隐出现的白发，你应该做一个孝子，并且永世不忘她的恩情。

抽出一天时间，陪父母聊聊天

高尔基说："一个老年人的死亡，等于倾倒了一座博物馆。"抽出时间陪父母聊聊天，老人的智慧是挖不完的无底洞，从他们那里你得到最好的建议，从你这里给他们最温暖的关怀。

借用某汽车公司广告里一句话：工作忙是生活上的事，陪父母是情感上的事，你不要把它们混为一谈。时间是挤出来的，工作多不一定就代表你没有时间，回去陪陪他们说说话，对你的工作效率会有很大的帮助，毕竟你的心是放不开的，这样工作效率或者是质量往往都要打些折扣。男人一定要记得，事业固然是重要的，但是在这个世界上，没有什么事情比你的父母更加重要。他们含辛茹苦地将你抚养成人，哪怕你打个电话他们都会很开心。人到老年的时候，总有一种莫名的孤独感，希望自己的儿女能够承欢膝下，然而当自己的孩子长大之后，他们却要在一次次的等待中度过自己的晚年。

每个人都有老的时候，趁着你还有机会尽一尽孝道，不要让彼此留下任何的遗憾。抽出一天的时间，陪父母聊聊天，告诉他们，这一天里你没有任何的工作，不要让他们带着内疚感和你说话，你要让他们知道，你不仅仅懂得忙碌自己的事业，也知道怎样安抚自己的家庭。让父母放心，和他们聊一聊你的工作，聊一聊你的生活，老人的智慧是挖不完的无底洞，他们总是能够给你最好的建议。

像往常一样，每个星期天李枫都要带着儿子去父母家吃午饭，下午离开的时候，李枫与儿子走出小区，儿子照例向奶奶家的阳台挥手，因为他知道，奶奶一定会站在阳台的窗口目送他和爸爸离开。李枫抬头依稀可以看见妈妈在微笑挥手，这样的情景一年四季雷打不动，早已定格成永远的风景。

不知道怎么了，李枫看着看着忽然鼻子一酸，眼里溢满了泪，儿子觉察了爸爸的异样，问："爸爸，你怎么了？"李枫笑笑说："没什么！"李枫问儿子："你觉得幸福吗？"儿子说："当然幸福了！爷爷奶奶不大会做饭，特意去饭馆买我最爱吃的菜，我当然幸福了！"李枫轻叹一声问："如果有一天奶奶再也不能站在窗口送我们了，你会怎么样？"儿子没有回答李枫，李枫知道他一直在回避这个问题。

过了一会儿，儿子对李枫说："爸爸，爷爷奶奶，姥姥姥爷，他们都有离开我的那一天，我会很难过，现在我不想那么多，趁他们身体好的时候，多陪他们聊聊天，让他们高兴，这是最重要的！"李枫欣喜于儿子的懂事，也感叹于岁月的无情，双方父母日益苍老，疾病缠身，为人子女者却无能为力，我们能做的正如儿子所说的，趁现在做该做的，做能做的！

爸爸因脑溢血后遗症导致说话不大清晰，行走不便，这使以前一向不大会做家务的妈妈在年近八旬的时候担起了重任，李枫和儿子只有周日过去看看。妈妈独自承担起家务，又要照顾爸爸，而且坚决拒绝李枫和妻子提出的雇个保姆的提议，可想而知，这对于妈妈来说，负担有多重，况且她自己也有很多病，更重要的是，各种艰辛无人能诉，没人和她交流。

李枫没有妹妹，只有一个哥哥，而且经常出差，所以妈妈内心的苦楚只有自己埋藏在心里。之前，李枫并没有注意到这一点。有一天妈妈为了一件并不值得发火的小事动怒，而且泪流不止，李枫留下来陪了她整整一个下午，听她倾诉这一阶段以来种种的苦闷，身体的种种不适，她的累，她的烦……李枫不时地插话以岳父母也有类似的情形来安慰她，宽慰她。

母子两个人聊着聊着，妈妈的精神状态明显好起来，之后的一段时间里，听爸爸说，妈妈的心情好很多，心情好就感觉身体也好多了。这件事让李枫明白了，无人交流的痛苦远大于身体的病痛，做子女的往往更注重对父母物质上的关照，粮油没了买粮油，衣服旧了买新的，各种费用都给交，以为这样就是尽了孝道了。其实不然，实际上老人最缺少的是精神上的慰藉，他们需要子女的倾听，需要子女与他们聊聊天，或是一起回忆过往的美好时光，或是谈谈现在一些有趣的话题。

当你发现你和妈妈聊完天或者陪爸爸下完一盘棋的时候，他们总是精神焕发，心情也会欢快起来，甚至有的时候还神采飞扬。与他们聊天，自己也能够得到益处，而对于老人们来讲，则是一种享受。天下的子女都应该抽出时间来陪父母聊聊天，不要总是以工作忙作为借口，让自己的父母在寂寞中老去。况且，多陪陪父母也是子女应该做的。根据最新统计，中国目前 1.69 亿 60 岁以上的老年人中，40% 的子女不在身边，你愿意做那 40% 中的一部分吗？要记得，孝顺不是你给父母买了多少滋补品、营养品，而是你拿出来一些时间陪陪他们。

陪自己的父亲钓一次鱼

> 钓鱼是一项技术活儿，没有耐心肯定就没有收获，等待浪费的时间绝不比你闲逛的时间更长。塞万提斯说："父亲的德行是儿子最好的遗产。"和父亲钓鱼，看看自己有没有继承他的稳重和耐心，再给自己上一次课。

一些人翅膀硬了，开始离开父亲那宽阔的羽翼，独自飞翔了。你有没有想过你有多久没和父亲坐下来聊聊天了，和他吃一顿简单的饭菜，或者和他看一场球赛。其实你不妨陪自己的父亲钓一次鱼，毕竟钓鱼这种需要耐心和安静的事情，很适合老年人，而且还能够锻炼身体，亲近大自然。最关键的是，你们可以亲密接触，能够和父亲聊天，进行必要的沟通。

父亲和母亲是不一样的，母亲有什么话喜欢唠叨出来，但是父亲就是家庭中那个最不喜欢说话的人，也是话最少的那个人。这个时候，你如何能够让自己的父亲开心呢？陪父亲钓一次鱼，但是你要知道钓鱼是一项技术活儿，没有耐心肯定就没有收获，等待浪费的时间绝不比你闲逛的时间更长。钓鱼的时候，那种等待能够让你近距离地接触一下自己的父亲，看着那个曾经好强的他，两鬓已经发白，眼角也爬上了皱纹，这个时候，你才能深切地体验到父亲是那样的伟大而又平凡。

林伟贤在县城住了几天，陪父亲一起去钓鱼。像小时候一样，竿、线、饵都由父亲备好，林伟贤跟着父亲，在选定的鱼窝边，上饵下钩，然后像模像样地守候。在河沿拣个树荫坐下，林伟贤的父亲则在十几步远的地方，戴一顶草帽提竿半蹲着。天并不热，一周的连阴雨，这几天初放晴，湖风清凉，远树青葱。

试浮，咬钩，掣竿，一条鲫鱼破水而出，在线上晃动，拉弯了鱼竿的秒尖，银光闪闪。小时候，每钓到鱼，林伟贤都要喊父亲看看，小鱼挣着鱼线左右摆动，父亲冲着他眉开眼笑。现在不了，因为他也成为了一个父亲。他取下鱼，丢入桶中，继续上饵抛钩，不动声色。时不时扭过头看父亲，他还是十几年前那样，盯着竖在湖面上的鱼浮，全神贯注。

林伟贤注视着父亲，他的头发花白了许多，在大草帽的下面，难掩一脸的皱纹。没过一会儿，父亲也钓上来一条小鱼，他拎起小鱼朝林伟贤摇了摇，说："这个小鱼吃个鱼汤还是没有问题的。"林伟贤被父亲的话逗笑了。接下来又是一片寂静，两个人都盯着自己的鱼竿，林伟贤还是忍不住地看着父亲，看得出神。

这时，父亲忽然转过头来，看看林伟贤，然后说："不要看着我，你看我也不能阻挡鱼儿咬我的钩。"听到父亲的话，林伟贤在心里面想："难怪人家说老人也是孩子，爸爸真的老了，但是出来钓鱼，明显看到他喜欢说话了，而且性格也开朗了许多。"父亲钓的鱼并不是很多，在低头看看自己的鱼篓，也没有多少鱼。这么长的时间里，自己只是在那样认真地观察自己的父亲。

很久都没有和父亲钓鱼了，记得小时候，父亲每个周末都会邀上几个钓友去钓鱼，那时，或许是鱼的生长环境好，或许是父亲的垂钓技术高，家里的鱼往往是一个星期没吃完下个星期又来了。父亲爱钓鱼，母亲爱烧鱼，两个人"珠联璧合"，蒸鱼、炸鱼、豆豉鱼、酸菜鱼，供孩子们享用。那时的林伟贤，周末通常被关在家里复习功课，唯有一次，父亲的同事上门，他才获得了一次千载难逢的陪钓机会。那是他第一次钓鱼。

夕阳西下，林伟贤和父亲拎着很轻的鱼篓回家，一路有说有笑，还吹着不知曲名的口哨。鱼没有钓到多少，却钓上来一天的快乐。林伟贤问父亲："鱼没有钓到多少，您怎么还这么高兴啊？"父亲说："钓鱼是一种心情。是和鱼比耐心，和天气比静心，和外界干扰比专心，最重要的，是和自己比舒心。"然后他没有再说什么，林伟贤跟在后面重复着父亲的话。

父亲的快乐有的时候就是那么简单，又是那样的富有哲理。随着现代都市快节奏的工作和生活，让人们越来越疲于奔波，经常认为自己活得又累又苦。我们在对生活失去了原有的激情回归平淡之后，难免都有力不从心的沧桑感。既然我们改变不了自身的现状，改变不了环境，为什么不试着改变自己的心境，使自己快乐起来呢？男人在忙碌自己的高科技工作的时候，是否也想过，在最普通的民间，一项最简单不过的活动，有着那样的哲理。也许你很久都没有和父亲舒心地坐在一起，比比看谁更有耐心，谁能够从这次的项目中获得舒心，优秀的男人怎么能错过陪自己的父亲钓一次鱼呢？

在父母生日的时候，送一件礼物给他们

> 金大中说："礼物就是表达人与人之间最温馨最美好的心意。"收惯了来自父母的礼物，在他们生日的时候，也送给他们礼物，让这种最温馨、最美好的心意得到互动。

每个人都记得自己的生日，并且生日时总希望能从父母那里得到生日礼物。可是，很多人却未曾在意过父母的生日，甚至从不记得他们的生日。作为儿女如果你连自己父母的年龄和生日都不知道，那么你为人子女真的挺失败的。对老人来说，最大的幸福莫过于每年寿宴上儿孙满堂。所以，不管你的工作有多忙，陪父母的时间多么稀少，有一条笃定的原则就是，父母的生日一定要陪他们过。

身为儿子，我们至少应该记得自己父母的生日，而且在父母生日的时候，能够送给他们一件生日礼物。虽说父母想要的是子女一切都好，但是父母生日的时候，能够收到儿女送的生日礼物，仍然觉得这是一件幸福的事情。每个人都有自己的父母亲疼爱着，都在自己父母的爱护和精心培育下长大。当我们长大的时候，父母已经年老。我们依旧有父母和朋友给我们庆祝生日，但是父母的父母早就不在了，他们的朋友也都老了，这个时候我们就不应该给自己的父母过一次有意义的生日吗？身为儿女，本来就应该在父母最需要的时候陪伴在他们的身边，更何况是在一个这样特别的日子里。

　　每年父亲过生日的时候，亲朋好友都来，人很多，也很热闹。秋明总是要提前几天准备好多东西，虽然很累，可父母是快乐的。秋明的父母心地善良、待人热情、乐善好施，在社会上赢得了良好的口碑，在家族里也是人人信服的老大，所以逢年过节和父亲的生日是人人必到的。平常健康魁梧的身躯在酒席间来回穿梭应付自如，让他感到非常快乐。不管是有钱没钱、有权没权的今天能到场，同聚一堂是对他平日所付出的一种精神回报，让他非常满足。

　　今年秋明的父亲偏瘫有点行动不便，让他好强的心难以接受。虽然眼看生日就要到了，而且秋明也早就通知了亲友们。这个时候的父亲却要出远门，生日不过了。秋明怎样劝说父亲都不能让他安心地在家过生日，只能是推掉亲友们的探访。但是秋明还是想要给父亲过生日。

　　生日那天一大早，秋明和父亲就到一个阿姨家里躲了起来，阿姨是秋明父母多年的老朋友，对秋明和秋明父亲的安排、到来很高兴，她早早安排准备饭菜，等秋明母亲来后给秋明的父亲过一个别样的生日。秋明看到父亲有一种解脱也有一种失落，虽然他们父子不说话，但秋明能感受到，他不能让父亲有遗憾，他走出了家门。

　　秋明到花店给父亲挑了一束花，祝他健康，也精心地挑选了一张生日卡片，他要给父亲一个惊喜。等他回到阿姨家把花送给父亲时，父母一脸的不高兴，说秋明乱花钱，花对他们来说是奢侈品，不实用。秋明依然笑着说了自己的祝愿，就执意让父亲把卡片亲自打开，当"祝你生日快乐"的音乐响起的时候，秋明的父亲落泪了，秋明和母亲、阿姨的眼睛也湿润了，他知道这一次的生日父母和他是永远都不会忘记的，因为这是他给父母第一次送的生日礼物，对父母来说也是最最浪漫的生日礼物。

在这个世界上，所有的爱都会因这样或者那样的原因而发生改变，唯独父母之爱亘古绵长，无私无求。当你懂得了在这个世界上，最爱我们的人是我们的父母时，那么在他们生日的时候，就给他们送一份自己的生日礼物吧！也许，对于我们来说仅仅是一个小的举动，但是对于父母来说，这样小小的举动却能够给他们带来无限的感动。所以，不要吝惜你的时间，不要吝惜你的感情，岁月无情催人老，这是任何人都无法避免的残酷事实。善待自己的父母，给他们过一次有礼物的生日吧。

听父母的一次劝，体谅他们一下

俗话说："不听老人言，吃亏在眼前。"老人的智慧都是他们用自己的亲身经历得来的，无论你认为你多么的有智慧，都不能拒绝他们的建议。听父母的一次劝告，站在他们的角度思考一次问题。

身为儿女，应该学会体谅父母，因为已经为人父母的你应该懂得"可怜天下父母心"了。虽然你已经是一个大人了，但是你在父母的眼里永远是一个孩子。现在父母老了，要你哄他们开心了，也许只要你一个电话，一点小礼物，就可以让他们安心，这其实是很容易做到的。每个人，都要懂得报恩；作为子女，就更要懂得报恩。在这个世界上，父母是独一无二的，我们怎能伤害他们？又怎能不珍惜？没有父母，就没有今天的我们。懂得体谅父母，是我们的责任，更是我们不可推卸的义务。

每个人都会说"可怜天下父母心"，但是现在又有多少人能够体谅自己的父母，懂得父母的艰辛？有些人因为家境不好，而嫌弃自己的父母。可以这样说，一个不懂得体谅自己父母的人是可耻的，一个不会爱父母的人是可悲的。这样的人也不会受到社会的尊重。朱自清先生笔下父亲的背影，让很多人都潸然泪下。对于朱自清来说，这是一个遗憾的回忆，如果把握不住今天，以后纵有再多的深情，也难以弥补父母失落的缺憾。男人有自己的心思和习惯，有自己的做法和想法，但是当你固执地不听父母劝的时候，能不能冷静下来，仔细地想想，如果你和他们没有任何的血缘关系，他们为什么会不顾一切地劝说你，难道这不是爱吗？

唐代大诗人孟郊的《游子吟》，"慈母手中线，游子身上衣。临行密密缝，意恐迟迟归。谁言寸草心，报答三春晖。"孝敬父母是中华民族的传统美德，父母在我们的成长中操碎了心，付出了他们的一切，所以我们要孝敬父母、体谅我们的父母。有句话说，当你抱怨你的父母不能给你别人家的孩子玩的滑板车时，他们已经赤着脚用自己的鞋来给你穿了。也许你身上最不起眼的东西，就是父母用尽本能给你的了。作为子女不应该太苛求自己的父母，而是应该体谅他们，了解他们也有自己的难处，学会尊重他们，而不是一味地索取。

养一只宠物，并照顾它

山姆·巴特勒说："一只狗带给人的最大快乐就是，当你对它装疯的时候，它不会取笑你，反而会跟你一起疯。"

如果说到养宠物，也许很多人都会想到养宠物的一些麻烦，比如可能会因为卫生的关系，感染一些疾病，但是实际上养宠物的益处要远远大于弊处。也许很多人觉得养宠物会让人的性格变得温顺、细心。史塔克曾经说过："养狗是唯一一种能够用金钱买的爱。"也许这样说的原因就是尤金·奥尼尔所说的："谁能不嫌你贫穷，不嫌你丑陋，不嫌你疾病，不嫌你衰老呢？谁能让你呼之则来，挥之则去，不计较你的粗鲁和无理，并无休止地迁就你呢？除了狗还有谁呢？"

其实，养宠物可以培养人的爱心，关心动物，爱护生灵，本来就是人类提倡的美德，能够养一只宠物，也是一种爱心的体现。同时养宠物可以避免孤独，在没有人陪你的时候，有狗陪着，它不会嫌弃你吸烟、不会嫌弃你长脚气、不会嫌弃你胖、也不会嫌弃你喝得烂醉。能够养一只宠物，是最考验人耐心的事情了，因为宠物有喜欢随地大小便、抓沙发、深夜乱叫等很多坏毛病，如果你想要改变它们这些恶习，你必须很有耐心地训练它们，就像训练自己一样。

有一次，张晓恒带家里的狗去看医生，出门坐上一辆的士。由于狗咳嗽得很厉害，引起了司机的注意。司机反身问张晓恒："狗感冒了吗？"张晓恒点点头，回答说："是啊，从昨晚开始就咳个不停。"突然司机长叹一声："唉！咳得和人一模一样呀！"听到司机这样说，张晓恒就知道司机也一定是一个养狗的人，这样两个人的话匣子就打开了。

很多年前，司机养了一条大狼狗，大狼狗的体型非常庞大，食量也非常惊人，再加上它的吠声奇大，总是吵得人不得安宁。

有一天，司机觉得负担太重，不想养了。于是把狼狗放在布袋里，载出去放生。为了避免它跑回家，特地开车开了一百多公里，放到中部的深山。放了狗，他加速逃回家，狼狗在后面追了几公里就消失了。经过了一个多星期，一天半夜听到有人用力地敲门，开门一看，原来是那只大狼狗回来了，形容枯槁、极其狼狈，看上去显然是经过了长时间的奔跑和寻找。

司机虽然十分地惊讶，但是他仍然是二话不说，又从家里拿出了布袋，把狼狗装进去，再一次带出去放生。这一次，他从山的另一端开车出来，一路上听到的都是狼狗低声号哭的声音。等到深山区里的时候，他将布袋打开，发现满布袋都是血，而且狼狗的嘴角还在继续流淌。他将狗的嘴扒开，发现狼狗的舌头被咬成了两截。原来，狼狗咬舌放血是为了能够记清回家的路。

当司机说完这件事的时候，车里面极其的安静，张晓恒从观后镜里看到了司机通红的眼睛。又过了一会儿，司机才说："我每次看到别人的狗，都能想到我那只咬舌放血的狗。这件事使我痛苦了一辈子，我常常对养狗人讲这个事，希望他们能够善待宠物。"

狗被主人无情地抛弃了，但是它仍然不离不弃地寻找主人。经过了高山、城镇以及野外的奔跑，寻找到了主人，却又被无情地再度抛弃，这对狗来说是一个致命的打击。人们只有通过接触宠物、善待宠物，你才能从中发现，生灵之间的关爱。难怪莫德凯·席格说："领养狗，也许是人类唯一能够可以选择亲人的机会。"人这辈子至少应该领养一只宠物，并且细心地照顾它。从照顾它的过程中观察它的成长，从与它朝夕相处中，增进感情。宠物有的时候和人是一样的，它们也有自己的感情，在接受了你的照顾和培养之后，它也会努力地爱你、陪伴你，并为你驱除孤独和寂寞。

每周保证抽出一天的时间休息

印度诗人泰戈尔说："休息与工作的关系，正如眼睑与眼睛的关系。"以牺牲一切时间为代价换取财富和地位是最愚蠢的行为。只知道收获果实，而不知道享受果实，没有任何的意义。

在工作上要量力而行，做任何工作都要有适当、适量的标准，不要因为过度疲劳而让生活失去意义。最完美的表现是你的生活充实但是不辛苦。列宁说过："会休息的人，才会工作。"人追求自己的事业，这无可厚非，但是不要以牺牲一切时间为代价，这样只能让你距离快乐越来越远。一个会生活的人，懂得在健康和事业之间寻找平衡点，做到健康、事业双丰收。没有健康的体魄和心灵，你渴望得到的一切都是虚幻的。如果能够有一个休息的周末，那么就不要让自己的休闲时间浪费在繁重的工作中。

要知道，现在自己拼搏在事业上，其实都是为了能够让自己的生命体验到更多的美好和舒心。但是如果你只顾着埋头苦干，不懂得知足，不注意休息，生活的质量也会大大地降低，而且还会失去健康，甚至失去生命。所以一定要保证自己，无论多忙都能够在周末的时候，放下一些烦心的工作，安心地休息。享受周末和朋友、家人在一起团聚的时间，享受生活中最平凡的欢乐和幸福。

小宋是同事们眼中的"拼命三郎"，为了能够获取销售冠军的称号，获得销售冠军的奖金，他每天都不断努力，绝对不允许自己有休息的时间。当然他的努力并没有让自己失望，他的业绩一天天地在攀升，同时工资卡中的数字也在不断地变大。然而，他仍旧觉得自己拥有的"只有那么一点点"，他放弃周末和家人在家团圆的时间，有的时候为了别人不打扰他的工作，他的手机都是处于关机状态。

就这样，他已经完全成为了一台工作机器。有一天，不堪重负的他，晕倒在办公室里面。他被送到了医院，本来大家以为小宋终于可以休息了。没有想到，小宋在住院期间，仍旧不分昼夜地联系业务。之后，又因为加班熬夜时间太久，他的生命的传送带还在继续运转，但是前进的齿轮却坏了，他彻底地崩溃了。同时，他也终于有机会停下来，放下自己手中的工作，休息一下，尝试和家人们聚一聚的感觉。

在那段长时间的休养过程中，他发现原来自己拥有的已经很多了，自己所期望的一切都有了。现在唯一缺少的就是好好地停下来，修整一下自己的身心了，因为也只有这样，才能够让自己更好地享受成功。于是，他让自己开始静下心来，每天和自己的爸爸妈妈聊聊天，然后和自己的女朋友欢笑打闹，日子从未有过的安心和舒适。

现实生活中，有太多的人为了赚取加班费而损耗自己的身体，用自己的健康来换取金钱。有的人吃饱穿暖还是不满足，希望自己不仅仅可以吃饱，还可以吃一半，扔一半，享受一下浪费的感觉。人们对于金钱和欲望的贪婪远远地超过了自己的生活所需，当这些金钱都变成了数字堆砌在那的时候，忽然间又觉得了然无趣。对于一种毫无意义的索取，甚至以损害自己的生命作为代价，实在是十足的可笑。贪婪让人迷失自我，不知足能够摧毁一个人的肉体和精神，最后将人送进人生的坟墓。

一个人倘若能够赢得全世界却输了自己还有什么意义？生活中的很多物质不是我们用生命能够换来的，人的贪欲就像无底洞，永远都填不平。当然倘若将身外之物看得很重，那么仅有财富却轻视生命的人生是空虚的。贪婪的生活节奏是很快的，它会带人走进十足压抑的环境。它慢慢地侵蚀你的生命，让生命一点点的透支，当你想要放下这一切的时候却发现，自己已经被掏空了。任何财富都没有生命有价值，因为有了生命才可以创造无限的财富，但是有了无限的财富却没有生命，你要如何消受自己的财富呢？

要知道，每个人的生命只有一次，不要让自己为了追求所谓的金钱和地位而变成生活节奏过快的人。一个人要想生活的快乐、潇洒和舒心，首先要学会知足，学会随遇而安。人的一生如果不能脚踏实地地走，最终短暂的人生会"载不动许多愁"。懂生活的人，绝对不会占用周末的时间去工作，懂得劳逸结合才是真正的人生。

Part 7

财富积累篇

不要再当"月光族",至少每月存100元钱

《理财规划师国家职业标准》创始人刘彦斌说:"希望年轻人自觉养成一种习惯,自觉地强制自己储蓄,哪怕一开始是不自觉的,时间长了就变成了一种习惯。对很多的年轻人,特别是'月光族'来说,就是迈出了理财的第一步。"

中国古代有句老话说:"一日一钱,千日千钱;绳锯木断,水滴石穿。"所有的财富都是靠点滴的积累,你最好在25岁之前,到银行办理一张只存不取的户头,从每个月的收入中拿出百分之几的钱存入,一年或者几年,当你再去检查的时候,你会发现你的存款已有不小的数目了。

你的这笔基金对于你成家以后尤其的重要。比如当有灾难来临的时候,你会像变魔术一样,将一笔可观的财富放在面前,这时候的你是一个犹如上帝一般的男人。你的这个魔术会让一切陷入悲痛的困难之中的人立即可以投入到新的生活中去。优秀的人应该学会未雨绸缪,不仅是开一个只存不取的户头,你还可以做很多,从居安思危的角度来讲,应该在得意之际留一条后路,这样也许会让你的人生多一种保障。这个世界上,每个人的人生会发生什么样的事情都说不准的,如果能够给自己多留一条后路,无疑是最聪明的决定。

刘野的家境不错,母亲是某米厂的厂长,父亲是一家米线店的

店长。父母两个人在每个月都会给刘野500元的零花钱，其实，那个时候，很多孩子的零花钱还不到100元。而且在上高中的时候，一个月的伙食费基本上90元就能够解决。学校里是统一着装的校服，封闭式学校禁止学生随意地出入校门，所以，即便是父母给了刘野这么多钱，他也花不出去。

上高中了，刘野一年就攒下了6000多元钱。他忽然间冒出个想法，自己办理了一张只存不取的户头，像每一个普通家庭的孩子一样，每个月只给自己100元的零花钱，剩下的400元全部存入那个户头。

慢慢地刘野步入了大学，大学的时候，每个身边的同学一个月都能从家里获得800元的生活费，刘野的父亲每个月给他1500元。这样，刘野开始每个月存起来700元。有的时候钱花得太多了，那个户头他也不去动，他加入了同学们的勤工俭学行列，自己开始和同学们一样靠自己的劳动赚钱。

大学毕业以后，家里面开始不用再给他生活费了。他找到了一份工作，每天写稿子。一份稿子可以拿到300元的工资，一个月4本稿子。外加一些其他的补助费用，刘野每个月能拿到工资3000元。在外面的生活很艰辛，每个月都存不着钱，但是他仍然强迫自己每个月必须存进去500元。

在他工作的第三年，父亲因为在店里面被高温的油烫了，花了不少钱。母亲的米厂也因为农民的旱涝年而减产，一时间资金开始紧张起来。父亲的病还需要植皮手术，花费了米线店里面的钱，但是母亲急需一笔资金打开厂子的窘境。这个时候，刘野拿出了自己的卡，并递给妈妈说："这个给你吧，密码是你的生日。"母亲不知道儿子从哪里弄来的这么多钱，厂子的危机顺利地度过了。

刘野和母亲说了自己的事情，母亲轻抚他的肩膀，满意地点点头说："我的儿子长大了，真优秀！等我的这场危机度过以后，那笔钱妈妈还会还给你的。"听了妈妈的话，刘野急忙摇头说："不，妈妈不要还给我。那个钱大部分都是你和爸爸的，我只不过是暂时地保管而已。"

每个人都应该有忧患意识，每个月存一部分钱，是为了将来发生不测的时候能够救急。这个世界上的危机无处不在，无论是自然灾害还是人为造成的，所有的这些，都不是我们凭借着自己的力量可以避免的。对于很多事情，能够有意识地去做一些准备，在危机真正来临时，就会对我们有所帮助。

每天学点简单实用的经济金融学

作为现代社会的每个人都该懂点最基本的经济和金融学常识，能够运用经济学的方式去思考，用经济学的眼光去看透问题的实质，让自己成为一个懂经济、会投资、能理财、善消费的人。

面对着日新月异的社会经济变化，人类社会的发展，能够在这个紧张刺激的环境下更好地生存，财富的管理和世界经济以及金融都是每个优秀者必备的常识性知识。每个优秀者都应该懂点经济金融学，每天都学一点简单实用的经济金融学。与其寻机暴富，不如学习一些简单实用的资产管理技巧，学习一些简单的发家致富的方法，了解一些经济金融学的背后秘密实在是非常重要的。

也许很多人并不懂得经济金融学背后有什么惊人的地方，实际上每天学一些简单的经济金融学就是为了能够了解经济金融学的真相。学点经济金融学，你就能够了解到为什么钱存在银行里也会贬值；你会知道如何才能让你的钱自己去"赚钱"；你会明白日常的金融交易可能存在哪些风险，有着怎样的内幕！通过学习经济金融学，你可以懂得避免那些自己平时根本发现不了的损失，可以赚取那些其实可以唾手可得的利润，可以让自己的财富更上一层楼。

小李是一个个体商户，大学毕业以后，就开了一家饭馆，饭馆的规模不是很大，自己家的邻居就是卖菜的，买起菜来还是很方便的。有一天，小李拿起一本桌子上的杂志，看到了一个关于经济学的案例。

在一条街道上，有两家挨门的小店，一家是卖蛋卷的，另一家是卖冰淇淋的，两家店铺老死不相往来。夏天的时候，卖冰淇淋的生意兴隆，而卖蛋卷的则是门可罗雀；而冬天则相反，卖冰淇淋的生意也像冬天，但是卖蛋卷的却生意火热。

两家店铺都认为是对方和自己的竞争作对，他们不约而同地到当地威望最高的长者那里状告对方，并请求长者为他们裁决。长者对他们说："请你们分别尝一尝对方的产品。"当两家店铺的老板都把自己的产品拿来给老者看时，老者将冰淇淋裹入蛋卷中，津津有味地吃起来，两家店铺的老板恍然大悟，连忙回去和对方合作起来，于是市面上出现了一种新的产品，蛋卷冰淇淋，这种产品一年四季销售不衰。

看到了这个案例，小李放下手中的书，走出去敲了敲邻居卖菜的门，笑呵呵地对邻居说："您看我是开饭店的，一年四季都需要蔬菜，可不可以把你家作为特供商呢？"卖菜的一听，心里乐开了花，立刻回应小李："当然可以，求之不得。这样每一种菜我都给你最便宜的，而且新鲜的都首先送到你们的饭店去。"两家生意一瞬间也好了起来。

小李在做生意的同时，还是不忘每天都看一点经济学的知识，他的生意就是靠这样做起来的，而且他还把自己的这个好习惯分享给了自己的邻居，现在不仅仅邻里之间的关系很好，而且两家的生意也是日益红火。

随着全球经济一体化的加快，世界已经渐渐迎来了"金融社会"，无论是中国还是美国，日本还是印度，无数关系国民生活的大公司、大企业都已经上市入股，无数的老百姓把自己的积蓄投资于证券、期货等金融领域，这些其实都是现代经济发展的作用。无论"金融社会"的到来对我们的生活造成何种影响，在经济发展的浪潮下都已经造成无法避免的一些结果。随着 GDP、GNP 等词汇深入人心，"通货膨胀"成为人们日常谈论的重要话题，"金融社会"的影响已经越来越明显地在我们身边显现。在这个时候，就需要我们更多地了解一些金融学、经济学的知识！

你也只有了解和学习金融学、经济学，才能够更好、更快地接纳社会上日新月异的变化，才能够让经济学作为自己的武器，完成自己的智慧财富的秘诀被自己所用。在当今的社会上，学习金融经济学的知识，了解金融经济学的真相是非常重要的。经济学虽不停推陈出新，已汇聚如浩瀚无边的大海，然而力图解决的中心问题始终如故。你如果能每天坚持学习一点简单实用的经济金融学，几年后，你将会有意想不到的收获。

消费有计划，绝对不负债购物

奇虎 360 公司董事长兼 CEO 周鸿祎说："很多企业不是拿不到钱而死去，而是拿到钱不知道怎么花而死掉。"消费也要有计划，花钱也要找到方法。别让自己成为信用卡的奴隶，也别让信用卡蒙蔽了双眼。

现代社会，几乎每个人都拥有自己的信用卡，他们花明天的钱享受着今天的生活。金融学称这种现象叫信用消费。可是，你是否想过，如果有一天你的信用卡刷爆了，如果你花掉的钱还不上了，你现在的消费已经和你现在的收入不符合时，很可能你已经在不知不觉之中，进入了"超前消费"时期。消费本身并没有错。在生活之中每个人都会有消费行为，而且消费与经济的发展息息相关，可以说没有消费就没有经济，消费是经济活动的出发点，是一切经济和金融行为的动力来源。但是作为一种特殊的消费形式，超前消费倡导的是"花昨天的钱来享受今天的生活"，就格外需要人们注意了。

一个对生活有规划的人，是应该避免"超前消费"的行为的。首先，超前消费意味着你在"借钱买东西"，显然，你的消费水平要符合自己的能力，既不虚荣也不攀比，所以没必要非得如此负债购物。现在，很多银行都提出了房子、汽车、旅游、耐用消耗品等各种消费信贷业务，不但种类繁多，而且更加覆盖了生活之中的方方面面，甚至出现了有人贷款买名牌，贷款过生日的现象。办理贷款的手续越来越简化，信用消费越来越便捷，日益完善的金融制度极大地调动了人们超前消费的热情，吸引了无数的人加入到这一支大军之中。

然而，实际情况是超前消费使得商家赚取了我们日后的收入，而这一部分收入是完全可以作为我们的日后储蓄和投资本金的。所以说，表面上看负债消费是花今天的钱买明天的幸福，但是实际情况反而是负债消费不但花掉了我们的收入，更花掉了我们以后改善生活、进行投资的成本。

曾经有这样一个广为流传的小故事，故事发生在两个消费观不同的老太太身上。其中一个老太太崇尚勤俭持家、自力更生。相信总有一天依靠自己的力量能够买得起一套房子，于是老太太咬紧牙关，风风雨雨奋斗了 30 年终于攒够了买房的钱。而另一个老太太，她主张及时行乐，享受生活。在这 30 年中她贷款买了车，买了房，周游了很多国家，尽自己最大的能力和家人享受生活。一辈子下来，她住在贷款买来的房子里，非常欣慰："我这辈子值了，该吃的吃了，该喝的喝了，该玩的玩了，该还的债也还了！"这是两种截然不同的生活方式，映射出了两种大相径庭的生活态度。

但是到了后来，谁也没有想到，贷款老太太的住房出问题了，因为还不起贷款，这个老太太住了数十年的房子突然住不起了，房子被银行收走了，她自己也落入了孤苦无依的生活。

一个对生活无规划的人，有了钱之后第一件事想的就是消费；一个懂得理财的人，有钱之后第一件事则应该是如何利用手里的钱赚取更多的钱，至少也是储蓄起来作为自己日后的可支配财富。而进行负债消费，不但无法赚取更多的钱，反而会欠下债务，连明天的钱都花掉了，不但失去了自己未来的资本，更添加了未来的负担，岂不惹人深思？负债消费的原因，无非就是可以买到暂时拥有的经济能力以外的商品，但是这些商品真的是必要的吗？对于一个智者来说，到底是手里的一堆消费品让他显得更与众不同，还是一份切实可行的投资计划和一个美好的未来使他更具有魅力和更值得尊重呢？

事实上，平庸而目光短浅的人进行负债消费，卓越而有远见的人只会去规划自己的理财计划。现在我们花了一分钱，以后我们就少了一分钱可以用来进行自己的理财。现在我们节约一分钱，就可以进行储蓄，以后的未来就会多一分可以支配的财富，多一份保障，现在我们省下一分钱，那么通过合适而又系统的理财计划，这一分钱就会获得神奇的力量，成为一个产钱的机器。那么，现在你是要负债消费吗？在未来，精于理财的人，会得到一笔可观的收入，善于储蓄的人，会拥有一笔不菲的存款，热衷负债消费的人，只能拥有一堆银行的信用卡催款邮件。真正有见地的人，不会跟着社会的大方向，而是会冷静观察，做出自己的考虑。

购物的时候，至少亲自"砍"一次价

买东西不砍价可不是风度和大方，你是在贬低自己货币的价值。砍价其实并不能，但也不是单刀直入。谈价钱的时候要一边砍一边侃，让他不好意思跟你翻脸。

　　"砍价"这个词，相信大家都听过，但是印象里砍价都是菜市场上买菜的大妈们做的事情，让自己去砍价，确实是有些丢人的。

　　其实砍价并不是一件丢人的事情。事实上，按照经济学的看法，一个人对一件商品所付出的价格，绝不会超过而且也很少会达到他宁愿支付而不愿得不到此物的价格。因此他从购买这件商品所得到的满足通常超过他因为购买这件商品的代价而放弃的满足，这样，他就从购买之中得到了一种满足的剩余。这种满足的部分称之为"消费者剩余"。真正的聪明人是不会为了显示自己的阔绰而放弃这种剩余的。

　　在美国历史上，有一个可以说是某正程度上拯救了世界经济的传奇人物——凯恩斯。有一次，因为他给擦皮鞋的小孩子的小费太少，小孩子们向他扔石子。他的朋友说："你就多给他们一些钱嘛。"但是凯恩斯断然拒绝："我不会贬低货币的价值！"凯恩斯本人不但是赫赫有名的经济学家，而且他为了验证自己的学说尝试过几乎所有期货品种，最后是一个有名的富翁。

　　聪明的人宁愿把省下的钱买自己喜欢吃的，也不愿意打肿脸充胖子，这样的人真实、可爱。对于一些人来说，买东西不杀价，就是没有勇气，就是对商家的仁慈，对自己钱包最大的残忍。

　　砍价是需要有耐心的，有时需要软磨硬泡，不要心急加价，小心商家看穿你。砍价也是心理战术，这里考验的是你和商家的心理，当你说最近商店的价格如何如何时，看看商家什么反应，能够把他的价位拉到你想要的价位，你就是一个谈判高手。

　　砍价也需要挑战挑剔的心理，一旦价格还不是自己想要的价位时，你需要在鸡蛋里面挑骨头，你要能够说出你想要的这件商品到底哪里不够好，这样你才能让商家低出价位满足你的要求。而且，砍价的心理战术是相当重要的，一旦你和商家的价格相持不下的时候，千万不要心软，你要摆出一副"多一分钱都不要"的态度，或者如果这条不管用，那么你扭头就走，动作要潇洒，千万不要回头，只要你回头，商家就会认为你喜欢，认为你还会回来的。当然，如果对方叫你回去，你也不要立即摆出一副高兴的态度，你要展现得落落大方。

砍价其实是一项非常有技术和艺术的行为，平时的小商品买卖，就是易货交易谈判中的一种表现形式。谁说砍价是一种丢脸的行为，砍价是生活乐趣中的一种表现。赚钱不容易，消费需理性。

提前给自己做好一份养老计划

今天所做的事情是为了我们有更好的明天。未来属于那些在今天做出艰难决策的人们。戴尔·麦康基说："计划的制订比计划本身更为重要。尽管某一计划可能由于其最为现实而被选中……其他的主要选择也不应被忘记。它们可能会是很好的权变方案。"

随着政策制度不断改进，我国的养老体系将越发健全，并实现和世界接轨。现在很多人都不需要再担心自己的养老问题，因为人们的生活水平提高了，"老有所养"问题不是很大。但是养的质量如何，是一个很纠结的问题。人与人之间存在着个体差异，每个人都应该自我提供经济支持，从"依赖养老"到"独立养老"。如何能够在养老的问题上，没有任何的顾忌，首先你需要给自己做好一份养老计划，未雨绸缪总是没有错的。首先你应该了解自己的家庭基本情况；其次是一些理财的需求；还要对财务进行分析和诊断，确定自己的理财规划，能够准备一些应急的准备金，还要买一些保险。

我们应该为自己提前准备一份养老计划，为了让你退休之后的生活不要有太大的变化。一旦没有计划或者准备，那么你只能在自己退休以后降低自己的生活质量和消费水平。有关的专家建议，投靠商业养老保险要从定额、定型、定式三个方面去规划。定额就是确定自己需要购买多少商业养老保险。定型就是选择适合自己的养老需求产品。定式就是确定养老金的领取年龄、领取方式以及领取年限。对于养老计划要趁早地规划，越早越好。这样才能保障年老的时候生活能够有保障，能够保持自己的生活水平。

今年 56 岁的李刚再工作 4 年就要退休了，李太太已经赋闲在家。但是李刚夫妻两个人却一点都不用担心退休后的生活。因为两个人大多数的人生目标基本都已完成，两个人唯一的女儿也在美国读完了硕士课程，并且取得了当地的绿卡。

几年前，李刚的女儿有出国定居的意向，并且向父母征求意见。当时，李刚夫妇虽然感到自己年老以后，女儿不在身边会有些寂寞，但是考虑到女儿学习的专业在国外能够发展得更好时，老两口儿还是支持了女儿的想法。

李刚在一家国有企业担任部门经理，由于公司这几年的效益不错，李刚每个月都能拿到 8000 元左右的工资。而且自己的妻子在退休之前是教师，所以每个月也能领到养老金 3000 元。夫妻二人的日常花销约为 3000 元左右，有一大笔开支是健康医疗开支，医药费主要由医保报销，自己承担的也不多，平时会有一些营养保健品方面的开支，每月需要 2000 元左右，这样算下来，平均每月结余 6000 元，已经可以满足了。

李刚在每年的年底都能拿到年终奖 3 万元，李刚的妻子因为已经退休了，就没有年终奖可以拿了。两位老人每年都会安排去国外看女儿一次，每一次的花费大约在 2 万元左右，女儿到时候还会补贴给老人 1 万元钱，这样李刚和妻子的实际花费也就 1 万元。

虽然现在的生活水平还是不错的，但是李刚仍然给夫妻二人做了养老计划安排，因为 4 年后，意味着他们的生活水平会有所下降，因为月收入会下降、年度收入会消失。为了保证稳定的收入来源，他计划了房产养老。因为对于股票和投资，老两口儿都不是很在行，活期存款、定期存款都各有 5 万元，另外的 10 万元投资了国债，目前的投资方式还是比较保守的。

李刚很了解自己和妻子现在属于空巢老人，因为女儿已经打算在美国扎根，等到他们年纪再大些，需要护理时，就将自己现在的自住房出租，然后用养老金和房租收入相加后的费用来支付敬老院的相关费用，如果到时候不够的话，还可以找女儿做补贴。

明智的人对于养老计划一定要提前计划好，当人类的寿命变得越来越长，生活的成本越来越高，你不得不思考，几十年后，我们靠什么来养老。况且现在几乎都是一家只有一个孩子，两个人要承担 4 个老人的沉重负担，如何能够过上一个有尊严的晚年生活呢？没有一个完整可靠的养老计划，那么你将过上一个前半生风光无限，后半生晚景凄凉的人生。如果你提前给自己做好一份养老计划，晚年幸福才是真正的幸福。

进行一个"小投资"

彼得·林奇说过："当你所持有的好股票下跌时最好的办法是继续持有，更好的办法是在其下跌时再买一些。"投资不是简单的以钱赚钱，而是一门充满乐趣的艺术，是对一个人的灵魂和智慧的考验。

储蓄并不是理财的最好方式，一个聪明者应该把自己存起来的"死钱"变成"活钱"，一块丢失的金子和一块石头并没有什么区别，理财的积累需要储蓄，但是储蓄却不投资，钱就是死钱，储蓄起来的钱永远都不会让你成为百万富翁，因为钱就像水一样，需要流动，流动的钱才能创造更多的价值。每个敢于冒险的人，至少应该有一项投资，哪怕仅仅是项小的投资。洛克菲勒认为，资金在市场经济的舞台上最害怕孤独，如果把钱存进银行，让它静置起来，远不如进行合理的投资利用更有价值，更有意义。一个人如果在财富上面没有这种冒险的精神，只是将自己辛辛苦苦赚到的钱存进银行，却不进行投资，你存进银行的钱始终都是那些钱，它并不能帮你取得任何大的收益。

其实，喜欢把自己的钱存进银行的人，都会产生一种不思进取的惰性。因为在心里面会时刻都记着银行的保障，靠银行的利息来补贴生活费，实际上你的资金并没有因为你的储存而增长。这种储存资金的方式应该叫"坐吃山空"，不能让钱继续生钱。聪明的投资者都知道，资金的生命在于运动。洛克菲勒曾说过："要想拥有金钱，不但要学会储蓄理财，同时还要学会让钱生钱。"资金只有在进行商品交换时才产生价值，只有在周转中才产生价值。失去了周转，不仅不可能增值，有的时候也许还会贬值，失去原本存在的价值，所以，你应该进行小投资，不要将储蓄作为一种嗜好，让自己的钱流动起来。

李强和李松兄弟两个，在大学毕业后都用自己在校时期的奖学金步入了社会，李强将自己的钱存进银行，然后找了一份工作，一边赚钱，一边将自己赚到的钱存进银行，取一部分钱够自己生活的费用。而弟弟李松用大学时期的奖学金先是和同学搞起了服装设计，然后赚了一部分钱，又将自己的钱投入了建设厂房和服装部，虽然第一年并没有赚到多少钱，但是两年的工夫，他的服装厂就开起来了。

李松将自己的钱投入在了雇佣一些新的服装设计师的上面，还有一部分钱用来进货。主要是一些新上市的布料，利用这些资源再加工成一些衣服，然后创造自己的服装品牌。开始的时候"木木公子"只不过是市场上的一些不起眼的服装，回收的资金也很少。李松的哥哥李强那个时候已经有了固定的存款，而且已经开始打算成家了。家里的一些人都劝李松，现在的服装市场不景气，想要打响自己的品牌不容易。

但是，在李松看来，服装市场永远都没有饱和，女性的衣柜里永远都缺少一件衣服。因为这样的理由，他继续开发着服装的产品设计和买卖。结果，小有名气的网络写手萧然在网络上写小说的时候，运用了"木木公子"这个品牌，让很多看客都对这一品牌开始关注。李松也很会趁热打铁，一次就推出了很多新的样式和流行元素的服装，他的品牌服装一下就火了起来。

两年以后，李强是一家公司的主管人员了，一个月拿着 8000 元的薪水，每个月把自己的钱存入银行，他的存款已经有 40 多万元了，李松的服装厂越发开得红火，他的银行里没有存多少钱，而是赚了一部分钱，又将自己的钱拿出去开了服装的分店，但是净资产就已经达到 200 多万元了。

有人说："如果没有储蓄，生活就等于失去了保障。"但是如果太过于看重储蓄对于生活的保障，那么随着储蓄的增多，心理上的安全保障的程度就会越高，如果这样生活下去，那么心理的满足感就不会满足，就会不断地存钱，但是靠存款获得利息成为富翁的人，恐怕不多。当你能够将自己的钱拿出去做投资，就会有意外的惊喜。一个人最后能拥有多少财富，都是难以预料的事情，因为投资能够让你的钱再生钱。

每个月关注一下经济形势

美国的股神威廉·江恩说："顺应趋势，花全部的时间研究市场的正确趋势，如果保持一致，利润就会滚滚而来。"

一个聪明者，可能不一定是一名经济学家，但是每个月一定要至少一次关注一下经济形势。通过你知道的简单实用的经济学知识，再配合你所观关注的新闻报道、报纸摘要等，你就会形成自己对当前经济的看法。也许有人会说，平常老百姓，对那些经济的东西都看不懂，那么还关注做什么呢？也许还有人会认为，经济新闻都是给经济学家和那些商人、投资者看的，和自己一点关系都没有，自己也看不太懂。事实上，只要理解一点皮毛的经济学知识，那么你看经济新闻、经济报道就不会吃力了。长时间关注经济形势的话，你就会发现经济学也是简单而有趣的。

经常关注国家和世界经济形势的人，会对于当前的经济形势有一个自己的估算，这样的话会方便自己或帮助别人解决投资方面的难题。现今社会正在渐渐进入"金融社会"，任何一个人懂得较多的经济知识，掌握更多的经济形势就会跟住社会的进步步伐，时刻走在社会发展的前沿，而一个对身边的经济现象以及国家、社会经济形势都一无所知的人，将会面临渐渐与社会脱轨、被时代淘汰的局面。这样说并不是危言耸听，如果长时间关注经济形势，就会发现现在的社会经济形势和国家的发展状况不但影响着社会格局，更时刻影响着我们身边的生活。

所以，一个聪明者每个月都应该挪出时间来关注经济形势。一个懂得经济形势变化的人对于人们来说往往是聪明而有魅力的，只有真的了解了经济形势的变化，才能够更好地安排自身的工作、生活问题，根据经济形势随时进行变化、调整，成为众人之中的先锋人物和强者。

小明和小刚是大学同一个寝室的同学，两个人关系非常好。两人毕业后，都有了自己稳定的生活，家庭收入也都比较固定。小明比较喜欢观察当前的经济形势，小刚的爱好则是玩网络游戏。

一天，小刚去银行存钱，发现小明把钱都取了出来。小刚十分不解，就问道："你怎么把钱都取出来了啊？"小明说道："我经常看新闻，最近通货膨胀的迹象明显，把钱存在银行里会有贬值的危险，所以我把钱取出来，做一些投资。"小刚笑话小明说："就你还能知道这么多国家大事啊，我就不相信了，这么多年我都是把钱放在银行里面，只会涨利息，怎么可能贬值呢！你打算投资到什么地方啊？"小明笑道："我打算投资到房产上，我感觉房价还是会涨。"小刚笑得更明显了："老同学，我不关注新闻我都知道，人家都说房价早晚要下跌，你这还自己通过观察得出结论了，我还是把自己的钱存在银行，比较保险。再说了，实在害怕人民币贬值，我就去买黄金。人家不都说黄金是保值的最好手段嘛！看你赔钱了来找我帮忙吧！"小明笑道："老同学，可别怪我没提醒你，我经常看新闻报道，人家都说黄金也会贬值哦！"小刚摇头表示不信。

然而，两年过去了，小刚的钱即使算上利息，也没有多少增值，如果只算是本金的话，实际购买力还下降了，而投资黄金的钱，更是因为国际金价的贬值而折损了一大笔。而小明因为对经济形势的观察和判断，果断投资房产，现在收入已经翻了一番！这下可叫小刚后悔莫及了。

其实，就算是暂时还没有进行一些金融类的理财，学习和了解经济形势也是十分有必要的。中国古代有这样一个故事，三国时候的吴国孙权让部下将军吕蒙多学习，吕蒙推辞说军队事情很多，自己没有时间。孙权听了很生气，说："我是要你当教书先生吗？只要经常多关注就好了。你说你事情很多，没有时间，你会有我忙吗？我就经常涉猎一些各方面的知识，自己感觉很有益处。"吕蒙最后终于听了孙权的劝告，开始涉猎一些知识，并最终为自己赢得了"士别三日当刮目相待"的赞誉。

同样，我们也没有必要每天都去关注经济形势，对国际和国家的经济情况和变动了如指掌。其实，只要一个月有一次，细心观察一下本月的经济新闻等，观察和了解一下经济形势的变化，坚持下去，你就会发现自己"士别三日当刮目相待"了。同样，那个时候，你也会发现自己对于任何经济形势和对生活影响的话题，都有独特的看法，而不会在大家谈论的时候插不上嘴了。

有一个每天记录的"经济账簿"

> 美国理财专家柯特·康宁汉有句名言："不能养成良好的理财习惯，即使拥有博士学位，也难以摆脱贫穷。"记账可以让你发现自己是不是花掉了不该花的钱；还可以让你知道每个月手头的钱流向了哪里，使它们不至于流失于无形；甚至还可以让你认识自己的另一面，因为你也许"言行不一致"，以为自己不会花费的事项，却时有支出。

有句话说："创业犹如针挑土，败家好似浪淘沙。"很多自己辛苦赚来的钱总是在一瞬间就花个精光。花钱容易赚钱难，如何能够让自己的钱得到控制，首先你必须知道你的钱都是如何花出去的。其实一个人的财富就像储水桶，收入就相当于从上方的入水口汇入，支出就像下头的数十个水龙头，每月支付衣食住行等花费。只要上方流入的现金，多于下方的支出，你的财富就增加。若下方的水龙头一直漏水（现金流出），远大于现金流入，你的储水桶永远都是空的。

想要存钱，先从记账开始。这是基本功，只要堵住不经意花掉的金钱，一定可以慢慢累积出投资的本金。辛苦存钱的同时，一定要慎防财务漏洞，比如人云亦云地乱买股票、办房贷，甚至乱刷卡或用现金卡借钱。当然如果一个人能够有一本每天记录的"经济账簿"，对于自己花出去的钱就会有一个明确的了解，也就知道自己的钱是如何花没的了。只有这样，你花钱的速度才能得到有效的控制。

某人寿保险公司的业务员陈静家庭富裕，高枕无忧。但是丈夫是一个遥控飞机迷，总是喜欢在家里面买各种各样的遥控飞机模型，自己还专门设置了一个遥控飞机储藏室。每一个遥控飞机的价格也不是很贵，陈静也一直没有阻碍自己的老公，毕竟一个人难得有自己喜欢并爱好的东西。

但是最近家里面的花销特别大，尽管自己和老公的工资都不低，但是未来的一年内打算要孩子，就要存一些钱。陈静一直都是家里的管账婆，她有一本家庭支出的账簿，而老公的手里是一本家庭收入账簿。为了能够找出"花费黑洞"，满足全家人的梦想，陈静每次都和自己的老公提醒："你玩这个花很多钱喔，尽量不要买太多。"陈静的老公听到后，反驳道："这个没有多少钱，最贵的也就几百块钱，和你买衣服的差不多啊。"为此陈静很无奈。

年底的时候，陈静开始摊开账目的各项支出情况，结果让她震惊的是娱乐消费账：50万元！当这个数字出现在陈静老公眼前时，他自己也惊呆了，财富吸引力开始发挥作用。陈静抱怨地说："50万，可以买一部车了。"于是，陈静老公很不好意思地坦承："在'兴趣类'支出太高，这个都是我的错。"此后，陈静老公开始有意地克制自己的这些购买兴趣类的支出。隔年，果然大幅降低支出，从一年花50万元，变成一年花不到15万元，整整省了七成，就可以存入退休基金里。

而且从其他的部分也可以看出一些消费的弊端来，陈静因为狂热迷恋打折物品，而买了一些完全无用的商品，这类的商品支出在3万元左右。其他的冲动型消费也耗费了5万元左右。陈静对老公说："一本账，就像家里的哑巴医生，如果这个家生病了，账本医生会告诉你，要吃什么药，甚至是否要动手术。"陈静的老公点点头，这样的一本经济账让两个人的生活过得更加明晰，而且钱都"花在了刀刃上"。

管理好你的一本账，还可以给你带来安全感，让你无后顾之忧地完成梦想。每个人都应该有自己的经济账簿，聪明的人应该清楚自己的钱财流向。当你严格记账以后，你会了解自己消费的模式，只要精确掌握一本账，就可以消除财务不安全感。当你在账本上记录你的第一笔开支，你的财富现金流，就开始启动了。它不只启动你的财富吸引力，甚至可以扭转你的人生。

每个人都应该有一本自己的经济账簿，在自己辛苦赚钱之后，也能够明白，自己的钱是如何无形地溜走的。人都是松散的，当你不记账的时候，你永远都不知道自己还剩多少钱。杨子江曾感叹："我周遭99％的朋友，没有记账的习惯，是因为以前没人教。如果有记账、管账，成就会比现在大！而且，这件事越早开始越好，因为人越年轻，习惯越容易建立，人一长大，欲望变多，时间便变少！"管理好自己的账簿就是管理你的人生，透过管账，一步步了解自己的期望与资源，在遇到不同的环境时，求取平衡。

为你的财务做一次长期合理的规划

> 《理财规划师国家职业标准》创始人刘彦斌说:"理财应该抱有合理的预期,比如你去年买基金,赚了一倍,你千万别再想今年还能赚一倍。一些客户在与理财师沟通中,一张口就要使一年收益不少于30%。理性地说,如能长期保持8%~10%的年收益就是不错的业绩。去年全国的仅仅平均收益是2%。"

一个聪明者,为你的家庭和个人做一次长期的合理的规划,这是你义不容辞的责任。财务的规划是比较专业的,而家庭的财务规划主要包括:现金预算计划、储蓄投资计划、债务削减计划、住房购买计划、伤残和健康保险计划、人寿保险计划、大宗采购和消费计划、应急金计划、子女教育金计划、退休金计划等。如果一个男人想要为自己的家庭和个人做长期的合理的规划,那么你需要有一个比较全面的、覆盖人生几件重大的事件的账户管理。而且确立完规划之后,你要严格地执行,保证规划的实现。

现金预算计划是为了更好地控制家庭人员的开支,最好有一笔经济账,能够把每天的花销都记下来,这样就可以很明显地看出来,自己花了哪些冤枉钱。储蓄投资计划就是每个人每个月存多少钱,这样可以预算出财富能够积累到何种程度。债务削减计划是控制债务和借款的成本。一旦自己的家中出现了什么需要用到钱的地方,最多的限度是借多少钱。住房购买计划,就是拥有自己梦想中的房屋。伤残和健康保险计划是保证家人因哪个人残疾或者生病的情况下，仍然能够有收入。

这项很多家庭几乎都有，另外就是人寿保险计划，如果家人因为某种原因，过早地死亡，可以保证家人不会被生活所困。这项在生活中也有很多人都已经做过计划了。大宗采购和消费计划与现金预算计划不太相同。这项一般指的是购买汽车、住房装修等消费的基金，往往要比现金预算多很多。应急计划每个家庭最好都准备一份，一旦面临失业、失能、紧急医疗或者意外的灾害，不至于过于风餐露宿。子女的教育计划是必须的，孩子的九年义务教育以外，一定要有足够的教育费用。剩下的就是退休金计划，能够在自己和爱人退休的时候，拥有足够的养老金，保证生活水平不会下降。

王福鑫虽然年纪不大，但是对于自己的财务计划却做得滴水不漏。刚刚步入新婚的他为自己的家庭做了一个长期的财务计划。妻子小雨和自己是裸婚，一边工作，一边还着房贷。王福鑫的月工资是 8500 元，妻子是 7000 元，每个月需要扣除 1 万元的房贷，剩余可以支配的现金只有 5500 元。王福鑫的家里面东西很少，他打算每个月给家里面添置一样生活必需品。

妻子的钱和自己的钱大部分都用来还房贷了，幸好房贷可以在 3 年内就还清了。那么 3 年内家里面的生活，都会很紧。王福鑫决定前 3 年不做买车和其他大宗的采购，只保持日常的吃穿。3 年内慢慢将伤残和健康保险计划、人寿保险计划补全，然后准备 3 年内先不要孩子，3 年后，夫妻两个人的工资合在一起就是 15500 元，那个时候留一部分钱作为应急金，然后拿出一部分作为孩子的教育费用。

但是后来王福鑫觉得这个计划还是有些危险，3 年后的问题不大，但是谁也不敢保证什么问题都不会出现，于是他将房贷定为每个月还 5000 元，这样需要 6 年还清。然后每个月多出来的 5000 元用来将伤残和健康保险计划、人寿保险计划补全，剩下的 5500 元还是不能做大宗采购，这样至少可以保证如果真的有什么不测，对方都不至于受到什么大的影响。然后两个人的年度奖金作为养老金和储蓄金。

每个人都应该根据自己的年龄、家庭状况、财务状况，进行合理的规划，对不同的规划，选择不同的金融产品，并且规划的时候要认真地执行，不要抱有投机的心态，去理财和投资。理财规划的意义在于运用科学的方法和特定的程序为自己制定切合实际的、具有可操作性的某方面或综合性的财务方案，对于财务方面缺乏"安全感"的人，更需要系统地了解自己的财务状况和财务规划。财务问题解决了，可以为生活打下良好的基础，获得安全感。你需要对个人和家庭进行合理规划财务，全面保障未来生活，趁收入较高时未雨绸缪，对减轻随之而来的家庭重负十分重要。

Part 8

工作发展篇

至少辞职或者跳槽一次，改变现状

不要浪费你的生命，如果你的工作做得不开心，那么就试着改变。自己为什么要去改变？因为不满现状，因为有一颗雄心，有一个跟现在环境不能吻合的梦想。

随着现代社会压力的增大，安于现状向来都不是什么好的办法。古语有云："人挪活，树挪死。"人只有不断地挑战自己的极限，改变自己的生活方式，你才可能知道什么才是最适合你的，你才可能真正地做到改变现状。这辈子你遇到一个适合自己发展的职业不容易，而选择一个谋生的职业却相对容易。你在自己家庭和事业没有定位之前，一定要至少辞职一次或者跳槽一次，多尝试一些其他的行业，从而找准自己事业的发展定位。

有句话说："为谋生而做的是职业，为理想而做的是事业，兼而顾之岂容易"。每个人初入社会，一定不要还未认清自己就给自己定位，至少你需要再仔细地权衡一番，自己现在做的工作到底是职业还是事业？如果自己还有事业心，还有拼搏和奋斗的机会，那么就不要犹豫，勇敢地去追求自己的事业。你在任何情况下都要将自己的事业排在第一位，你必须接受现实。如果你没有事业心，没有什么非要实现的梦想，至少你应该有一份让自己满意的职业，一个可以让你糊口谋生的工作。

当你的工作环境出现了以下三种状况，你就可以考虑换工作或者跳槽了：

一是公司的运作各项都非常的正常，但是你感觉在公司拼力卖命，无论自己怎样的努力，都无法在物质或者其他方面得到认可，那么你就应该考虑换一个环境或者另谋发展了。干得好却得不到表扬，努力也得不到认可，你要继续耗费你的能力和机会吗？

二是你现在所在的公司缺乏职业发展机会，而且你在公司里面学不到任何新的技能，或者你在公司里面得不到任何的成长空间，你的职位停滞不前，不仅仅会让你失去更多的发展机会，对于你自身学习新技能都会有所限制。

三是你现在的工作对于你不再具有挑战性，或者你对于自己的工作也表现不出任何的兴趣，那么你也应该考虑辞职了，在一份自己不感兴趣的工作岗位上，耗尽自己的激情，失去了自己的兴趣，这就犹如在一潭死水中挣扎，有什么意义呢？

很多人不敢轻易选择跳槽或者辞职，主要是害怕自己又重蹈覆辙，永无休止地徘徊在跳槽与求职的边缘。毕竟在社会中有一天没有工作，没有经济来源，对于很多人来说都是很可怕的事情。而且"这山望着那山高"，你的下一家企业不一定就是自己最理想的公司，而且再怎么好的企业也很难"十全十美"，总有管理上的疏漏。但是如果你不离开这家公司，就很难寻找新的就业机会和发展的空间，其实，你在跳槽的时候，多数都不应该是脑袋一热，怎么也应该是"蓄谋已久"。否则没有万全的准备，所有的幻想和行动只能搁浅。

有些人认为，不要轻易转行，这是可以理解的，因为你一旦离职或者跳槽，那么就要一切从头学起，而且还要承担经济上的损失和精神上的压力。每次对自己职业和发展目标的重新设定，要看是不是"跳"有所值，分析一下你所在的职场是沃土还是瘠地，是不是真的就没有开垦的价值。如果不是，就要从自己的主观上找找原因，并不一定非要跳槽转行。当然，你在选择职业上面一定要谨慎小心，转行是一件非常重要的事情，它极有可能会影响你的一生。

总之，安于现状的人早晚有一天会因为喜欢上了安逸的生活而后悔。人活一生，就应该有敢闯敢拼的精神，尤其是年轻时，有大把的时间和精力可以尝试，而不是偏于隅，安于现状。一个人如果自己不主动地要求改变现状，那么你也只能一辈子做着自己不喜欢的工作，与自己的梦想渐行渐远。

做工作之前，首先提醒自己担负责任

> 一个人因为有了责任感才能认真履行自己的责任，才能将自己的工作做好。一个人工作的好坏，往往就看这个人有没有责任感。有句话说"假如你热爱工作，那你的生活就是天堂，假如你讨厌工作，那你的生活就是地狱"。

现实的生活中，很多人在工作中总是带着一颗玩世不恭的心让自己融入工作，其实公司就是一个磁体，如果你本身不是带着那种配合的心态进来的，早晚还是会被排斥出去。很多企业中的老板都希望自己的员工是一个有责任心的人，但是对于大多数人而言，工作就意味着完成自己的分内事，然后心安理得地拿自己那份薪水即可。其实工作不仅是一种谋生的手段，同时也是社会的一份责任。

在今天，重视责任感成为了一个人身上最重要的品质。很多人在进入公司之前就已经积攒了一身的才华，但是同样的有才华，为什么有些人就会受到重用，但是有些人却永远被冷落呢？因为同样是有才华的人，但是有些是有才华且负责任的人，只有责任和能力共有的人，才是企业和公司发展最需要的人。所以，倘若想要在公司里面受到老板的信任和提拔，必须要有责任感，这一点是决定你会不会被重用的最主要的原因。

李华宇是一家文化公司的文字编辑，对于文字编辑这一职业，李华宇并不是出于喜欢和爱好，完全是为了能够赚到一点钱。在做上编辑后的前2个月，他还是很耐心细心地完成自己的稿件，希望能够从中获取自己的利益。但是随着稿件完成后，到领工资的时候，李华宇的工资总是在3000元左右，为此他觉得这一行业完全赚不到钱。

两个月之后的他，对于自己的工作完全换了一副态度。每天松散地上班，到了工作单位之后，开始浏览网页，看看新闻，偶尔还玩一玩游戏。下午的时候开始在网上搜一些稿件案例，然后复制粘贴在自己的文件夹中，以应付领导的检查。一直这样做了半个多月，李华宇发现领导什么都没有说，他感觉这样做挺爽，首先自己的工作不再枯燥无味，其次，自己的工作不用那么累，而且同样可以拿到钱。

过了一个月的时候，李华宇的同事陈晨的稿子受到了领导的表扬，还给了她3000元的奖金，而李华宇的稿子则被出版社退了回来。由于稿件的质量有问题，不能顺利通过，老板没有支付李华宇稿费，而是将稿子发给他，让他自己利用闲暇的时间去修改稿子。听到要修改稿件，李华宇一脸的不高兴。因为在上班的时间修改稿件就会影响新稿件的速度，还是会影响自己下个月的工资，但是利用闲暇的时间去修改自己又觉得不甘心。

为了能够不浪费自己的私人时间，同时又不浪费新稿件的时间，李华宇用同样的方法，在网络上搜索了一些资料，随便地改了几下稿件，又一次地交了稿子。结果还没有到月底的时候，他的稿子再一次被退回来，老板很生气地和李华宇说："小李，你这稿子最后一次机会好好改改，你这一本稿子我已经出了两份钱给你找社里的人审核，这一次改好后，下一次如果再被退回来，你就不要继续在公司做了。"

听到老板的话，小李心想："你给我那点钱也太少了，压根儿就不够我吃饭的，不干就不干。"于是他还是用了上次那个方法，糊弄着交了自己的稿子，然后在第二天上班之前和老板说自己辞职的事情。李华宇离开了公司，而他的稿子果然又第三次被退稿，当老板把稿子拿过来看时，非常气愤，原来李华宇一直都是以复制粘贴的形式完成的稿子，不仅让自己耗费了多次审核费用，还耽误了很多时间。

后来，李华宇去别的公司面试的时候，面试人员看到他的名字，就急忙问："你以前是不是在文化公司做文字编辑的？"李华宇点点头，然后面试人员说："不好意思，我们公司不能聘用你，你的名字有被企业加入黑名单，不负责的记录。"李华宇垂头丧气地离开面试的公司，非常后悔自己当初的行为。

很多人也许并不能深刻理解什么才是真正的责任，但是责任感对于一个人来说至关重要。在工作中，只有具有强烈的职业感和责任感的人，才能得到他人的赞许，同时也能得到大家的帮助和认同。一个人的工作做得好坏，最关键的一点就在于有没有责任感，也许你不是公司里面工作能力最强的一个员工，但是却是最富有责任的，那么你也会得到老板的赏识，得到大家的肯定。

工作中的我们应该明白一个道理，拥有责任心会让你的事业步步高升，而失掉了责任心，你的工作就会一落千丈。有句话说"假如你热爱工作，那你的生活就是天堂，假如你讨厌工作，那你的生活就是地狱"。你的一生需要承担着各种各样的责任，社会的、家庭的、工作的、朋友的，等等。一个人无法逃避责任，也不应该逃避责任。对于自己应承担的责任要勇于承担，放弃自己应承担的责任时，就等于放弃了生活，也将被生活所放弃。

给自己制定一张时间规划表，不浪费时间

莎士比亚说："时间是无声的脚步，是不会因为我们有许多事情要处理而稍停片刻的。"时间也是最公正的，无论穷人还是富人都无法挽回时间。时间就是生命的本身，时间也是独一无二的，对于每个人来说，时间只有一次，所有的时间都是独一无二的，过往不复。懂得利用时间并珍惜时间的人，才能实现自己的价值。

时间就是生命，珍惜时间就是珍惜自己的生命。每个人都应该珍惜自己的时间，说得容易做到难，如果每个人能够每天省5分钟的时间，那么一年下来，你就可以省出很多时间来。有人说，时间，它从来就没有公正过！对排队的人，它磨蹭着；对有急事的

人，它拖延着；对"找时间的人"，它躲闪着；对"赶时间"的人，它飞跑着；对打发时间的人，它空洞着；对幸福美妙的时刻，它吝啬着。它就是这样生性荒诞无稽，常常作弄人！的确如此，时间对于每个人都是极为重要的，如何能够节约自己的时间，那就是给自己制定一张时间的规划表，让自己不再浪费时间。

从人生成功的角度讲，计划观念和计划能力是优秀的人必须养成的一项重要素质，也是能让人终身受益的一种能力，这种素质和能力只能在你制订具体的学习计划的实践中才能培养形成。时间是获得财富和资本重要的资源，怎样才能让自己不浪费一秒钟的时间，让更多的时间都能够用得其所呢？制定一张时间的规划表，让自己严格地按照规划表来做事，你的时间永远都不可能是浪费的。

下面是一张时间规划表案例：

6：30 起床当你睁开自己的双眼，然后爬起来，轻轻地亲吻爱人的额头，动作要轻，不要将对方弄醒。

6：35～7：00 洗漱、选择今天上班要穿着的服装。

7：00～7：30 做早餐或者吃早餐，如果你的爱人能够为你准备早餐，你就可以直接享用了，如果你的爱人没有做早餐，麻烦你连带他的一起做了。

7：30～8：30 有汽车，就带着爱人一起去上班，没有车，就自己坐公交车。

8：30～9：00 到单位后，整理一下上班时候要使用的文件或者其他的用品，整理情绪，接一杯温水准备工作。

9：00～12：00 上班，记得要努力工作，有事做的时候就要努力，没有事情做的时候也要找出事情来做。

12：00～12：10 联系一下自己的爱人，询问上午过得如何，提醒她中午要吃得好一点。

12：10～12：40 进行午餐，饭后休息。

12：40～13：00 小憩一会儿，不要在公司里面和他人讨论老板，也不要和同事看公司里面的美女。现在休息20分钟，下午上班了才会有好的状态。

13：00～17：30 努力工作，如果你还没有汽车，为你的车奋斗。如果有了汽车，为你爱人美丽的衣服奋斗，至少让你的女人能够在物质上满足。

17：30～18：00 下班，顺便问问爱人，回家吃什么饭，如果有事，需要饮酒或者其他的事情，尽量都在这个时间内说清楚。

18：00～19：00 买菜，陪爱人一起做晚饭。

19：00～20：00 吃完饭，和家人说一说这一天自己的工作和生活。

20：00～20：30 散步，和爱人或者孩子一起，希望他们都能有一个好的身体。

20：30～22：00 看一看新闻或者你喜欢的各种球赛，或者看看书。

22：00～22：30 洗澡，邋遢的人没人爱，劳累了一天，洗一个热水澡，是一件很美的事情。

22：30～6：30 休息，充足的休息才能保证白天一天的精神。

一个好女人的时间规划表，是所有男人的目标；一个好男人的时间规划表，是所有女人的追求。当然，作息时间表只不过是时间规划表的一种最简单的形式，时间规划表还包括人生的大规划，比如你需要用几年的时间来完成你的小目标，然后再需要用几年的时间让自己完成中等目标，用多长的时间来完成自己的人生梦想。又或者你可以制定一张工作的时间规划表，在工作中，哪些任务是可以利用一点时间就完成的，哪些任务是需要花费长一点的时间来完成的。

对于任何人来说，时间都是生命，是金钱，任何人都不应该浪费自己的时间。人生短暂，要珍惜时间。商人最可贵的本领之一就是与任何人交往，都简洁迅达。如果说与人洽谈生意，能以最少的时间产生最大的效益的话，那么非比尔·盖茨莫属了。时间观念强的人通常都会管理好自己的时间，"一寸光阴一寸金，寸金难买寸光阴。"人们一定要记住，没有所谓的"失去的日子"，也没有更多的时间来供你挥霍，浪费时间的人不但是可耻的，同时也是可悲的。当别人用有限的时间而完成了不可能完成的事情的时候，你却利用大把的时间来挥霍，那么时间给你的惩罚就是，你永远都平庸无奇。

能够自己独立地承担一次重要的任务

萧伯纳说："如果我们能够为我们所承认的伟大目标去奋斗，而不是一个狂热的、自私的肉体在不断地抱怨为什么这个世界不使自己愉快的话，那么这才是一种真正的乐趣。"一个人独立地承担工作任务，不仅仅是一种挑战，更是一种自我能力的检验。

缺乏独立性的职员，是难以使上司对他产生信赖感的。如果一个人不能够自己独立地承担一次重要的工作任务，你永远都不可能是一名优秀的员工，更不可能在你的工作中有任何的提升可能。当一个人不能自己独立地承担工作任务的时候，工作中的上司或者同事就会对其评价为没有自己的信念，没有上进心，缺乏主见。在工作中，如果你不能独立承担重要的任务，只能在别人的帮助下进行工作，那么你在工作中就难以取得较大的进步。拿破仑说："不想当将军的士兵不是好士兵。"在工作中，不想当主管的下属也不是好下属。

两个月的实习期很快就结束了，蒋敏成开始正式独立承担工作任务了，马经理专门分给他一个客户的产品，一共有四条生产线，从 IPQC 制成品管、FQC 成品抽检、QA 负责质量客诉，一条龙统一由他负责。而且马经理还给他底下配备了 4 个 IPQC 品检员，2 个 FQC 品检员。蒋敏成从一个光杆司令，立即变成了一个带兵作战的元帅。他也成为了一个真正意义上管理基层干部的"高级干部"。

可是，经过一段时间的实践，蒋敏成才发现这"高级干部"，远没有当初想象的那么轻松、神气和光鲜。在实习期间，蒋敏成得益于师傅张超语重心长的谆谆教导，学得十分认真，自我感觉也十分良好。虽然蒋敏成在后一个半月跟着师傅实习期间，也知道品管不好当，有很多的无奈，但是那不过是隔岸观火，等真正地轮到自己独立承担时，才深切体会到各种滋味。

这"品管"看起来只要跟质量有关，什么都可以管。但是所管的却是别人的部门和别人的下属。手里面没有掌握别人部门的考核大权，哪怕只是一件简单的事情，做起来也会十分困难。要浪费很多精神、很多时间。品管这项工作是一个靠别人的部门配合，才能达成自己绩效的工作。所以自己的绩效掌握在别人的手里。所谓的管理别人，其实也是被别人管理着。

蒋敏成常常为了一个质量的问题，就要反复地主持会议，经常通宵达旦。自己常常没有时间和女友约会吃饭。如果查到了 FQC 抽检不良，要求重工或重新测验，那么制造部就会质疑："为何要重工？"倘若蒋敏成回答："抽到了不良，当然要重工。"这个时候他们就会质疑："FQC 不良，那么你们的 IPQC 难道没管理吗？"作为品管，蒋敏成当然不能承认自己的 IPQC 没管理好了，为了维护自己部门的尊严，他必须反问："怎么会没管理？"这个时候制造部就会反戈一击："既然 IPQC 管理好了，那怎么 FQC 还能抽到不良？"

听到这些，蒋敏成通常都是无奈和压抑自己的怒火，有些时候甚至气出病来。自己承担一次重要的工作任务对于蒋敏成来说，还是有一定难度的。他知道自己还需要继续锻炼，至少不能在工作中让人家几句就搞得无话可说然后自己生闷气。

工作能力就是履行职责所需要的素养和本事。一个人倘若具有工作能力的话，那么独立地承担一次重要的工作任务应该是不能的。所以，在平时的工作中，你无论从事哪种工作，都必须努力掌握应有的知识和文化，练就过硬的业务本领。否则，就无法承担工作的重要任务，也适应不了时代发展的客观需要。一个人的知识面越丰富，业务素质和本领越强，在工作中的贡献也就越大。我们每个人在平时的工作中，要增强学习的紧迫感。要有强烈的事业心、责任感，爱岗敬业，开拓创新，勇于奉献，努力提高自身的能力和素质。

凡是独立承担重要工作任务的人，必须要有强烈的责任感和浓厚的学习兴趣。独立承担工作任务，就会产生一定量的压力，有了压力才能有前进的动力。一个人承担工作任务是一种挑战，同时也是一种自我检验。你在工作中一定要独立承担自己的工作任务，让自己隐藏的优点都被挖掘出来，只有这样才能体现出你在工作中最优异的一面。

做一件事情的时候，能够一心一意

新东方教育科技集团董事长兼总裁俞敏洪说："在我们的生活中最让人感动的日子总是那些一心一意为了一个目标而努力奋斗的日子，哪怕是为了一个卑微的目标而奋斗也是值得我们骄傲的，因为无数卑微的目标积累起来可能就是一个伟大的成就。金字塔也是由每一块石头累积而成的，每一块石头都是很简单的，而金字塔却是宏伟而永恒的。"

专注是成就大事业的基础。一个人在做事情的时候，能够一心一意，只有这样才能更好地完成你要做的事情。所谓的专注就是一个人不能同时骑两匹马。不要妄想人能同时脚踏两座高山，也不要妄想脚踏两条船，不专心地在一件事上，早晚会失足落水，后果很悲惨的。在这个世界上，任何一种事情的成功都离不开专注。专注就是集中精力把意识放在某个特定的欲望上的行为，并要一直集中到找出实现这个欲望的方法，并且直到成功地将它付诸在实际的行动上，取得最后的胜利。

歌德说过："一个人不能骑两匹马，骑上这匹，就要丢掉那匹。聪明人会把凡是分散精力的要求置之度外，只专心致志地去学一门。"一次只专心地做一件事，全身心地投入并积极地希望它成功，这样你的心里就不会感到筋疲力尽。用自身的优势和后天的认真和专心结合，就一定能够取得成绩。

齐永新是一个电脑公司里的人事部职员，负责公司的招聘。公司的氛围很轻松，每天的工作量很少，有很多机会可以做一些别的事情，但是就是这样的一个工作，齐永新觉得自己学不到什么东西，况且薪水很低，自己基本上不能解决自己的衣食住行。后来他听同事说档案科的工资高，但是工作内容很乏味。齐永新禁不住高工资的诱惑，于是很开心地主动请缨要去档案科工作，领导经过审批，同意将他调过去。

可是没到半个月的时间，由于每天面对着枯燥无味的简单工作内容，齐永新觉得自己应该学一些东西，而且作为一个男人，他不应该做着这种毫无技术的工作，男人应该有挑战的精神，而不是只想着拿工资。于是他再次去找领导诉苦，领导说："其实薪酬部的工作很锻炼人，工资很好。"于是齐永新经过反复地几次找领导谈话，终于调他去薪酬部工作了。

可是还没到半个月，齐永新就嫌弃算薪酬制作表格的工作过于烦琐，自己应付不来。但是自己刚刚找领导谈完，还没有过多长时间，于是他决定先忍忍，但是他发现自己已经对手上的工作开始厌恶了，终于经过了一些努力后，他又回来了原本的位置上。

将近两个月的离开，让他在自己本来熟悉的岗位上陷入了陌生。慢慢摸索却依然跟不上大家的进度，完不成任务导致他一直被领导批评，这个时候他的心思又开始活跃起来，领导看出了他的不安分和不够专注，于是找了一个理由将齐永新辞退了。

做事要有明确的目标，并且要心无旁骛，全神贯注。这样不仅会帮助你培养出能够迅速作出决定的习惯，还会帮助你把全部的注意力集中在一项工作上，直到你完成这项工作为止。最成功的人都是能够迅速而果断作出决定的人，他们总是首先确定一个明确的目标，并集中精力，专心致志地朝这个目标努力。一心不可二用，专心于你已经决定去做的那件事，放弃其他不切合实际的想法，把能够阻碍你做事情的想法都尽量封存，永远都不要打开它，这样你才能获得成功。

成功的秘诀其实很简单，就是需要专注。专注本身并不神奇，只是控制注意力而已。一个人只要能够集中注意力，就能够摒弃外界的干扰和困惑，专注地做好一件事，这样才能更加容易地取得成功。专注于某件事情上，哪怕再小，努力做好，也会有不寻常的收获。你无论在自己的工作还是生活中，都要一心一意地对待自己的事情，一定不要三心二意。

有一个自己的梦想，并每天为之努力奋斗

这世上的一切都借希望而完成，农夫不会剥下一粒玉米，如果他不曾希望它长成种粒；商人也不会去工作，如果他不曾希望因此而有收益。

一个人的内心中如果蕴含着一个信念，并坚持不懈地为之努力，那么，他一定会是一位成功的人。做一个心怀信念的人，你要有自己的梦想，一个没有梦想的人，就好比在一片黑暗的大海中航行，没有目标，没有固定的航线，很难到达彼岸。也许人人都有一个梦想，但是又苦于自己的梦想太过高远，自己恐怕实现不了。但是，你不要忘了，只有行动才能走向成功，行动永远胜于高谈阔论。在你给自己确定了目标之后，剩下的任务就是每天努力地向那个目标去靠近。

很多人虽然都有心之所想，但是却很少有人能够坚持自己的心中所想，很少人会为了自己的目标坚定自己的信念，要坚定自己的信念，就要排除干扰，要在心里面不断提醒自己，我一定要坚持下去，并最终心想事成。明朝大儒王阳明曾经说过："持志如心痛。"怀有一个梦想，定下一个志向，要像对待自己的心痛一样，心痛就根本没有时间顾及其他，这样才能最大限度地让自身的智慧发挥作用。男人至少应该有一个值得自己奋斗的目标，而且你能够每天向你的目标靠近一点点，你最终就一定会成为一个成功的人。

梁若斌出身贫寒，没有钱上学，刚刚念到初中，就被父母送到厂子里做苦力赚钱。每天繁重的工作压得梁若斌气都喘不过来，于是他在心里暗暗发誓，有机会一定要走出去，增长见识，不再做苦力，要做人上人。自从有了这个志向之后，他每天都会借来一些书自学高中的课程，打算自己赚钱参加高考上大学，一年的时间里，他累得人整个都消瘦了许多，白天忙碌一天工作，晚上就躲起来学习高中的课程，有一次被妈妈发现了，还把他的书给没收了，家人就是觉得读那么多的书没有用，还不如干点活儿，赚些钱预备将来结婚的时候用。

梁若斌想要参加高考的想法被同一个厂子里的其他人知道了，大家都嘲笑他，"很多人比你聪明，在高中学了三年都没考上大学，就凭你，别做梦了。"还有的说："考上了又能怎样，你有钱读大学吗?"尽管流言蜚语很多，但是这并没有阻止梁若斌要走出去的决心。

做苦力的钱都被妈妈要去存起来娶媳妇了，梁若斌并没有因为这样就放弃，他要读一年高三，然后参加高考。他不仅仅在厂子里做苦工，有的时候利用闲暇的时间也会去忙一些其他的工作，赚点外快。赚外快的钱全部存起来，不让妈妈知道。自己平时吃饭也是很节省的，舍不得多花一分钱。

等他攒够了钱，交了半年的学费，在高三的课堂上，很多学生都用奇怪的目光看着他。他是学校里唯一一个特殊的学生，因为他不住校，平时放学还要跑到厂子里工作赚钱。一年以后梁若斌参加高考，果然取得了人民大学的录取通知书，并成为了当地的文科状元。当地的政府了解到梁若斌的家庭条件，主动出钱供他读大学，梁若斌在大学专门读了设计专业，准备大学毕业后开一家编织厂，自己做设计、做老板。

怀有远大的志向是一种生命中的正能量，它能够激励我们挖掘出自己所没有被挖掘的潜力，同时也让我们看到了生命的真正之美。成功从来都不会抛弃努力拼搏的人，怀有信念，并对自己的梦想不断付出努力，这样的人才是做大事的人，这样的人才能看到顶峰中的顶峰，实现自己的人生价值。一个人在为自己的理想和事业拼搏的时候，才是最有魅力的。如果你现在已经有了一个自己正在慢慢靠近的目标，那么就继续奋斗；如果你现在还没有给自己设定什么目标，那么你就应该设定一个目标，然后再慢慢地每天向它靠近。

找到一个适合自己发展的城市，
追求自己的生活品位

> 每个人都有自己的品位，而每一座城市也有自己独特的风格，一个人如果能够找到一座适合自己发展的城市，那么做起一切工作都会觉得如鱼得水。

怎样知道一个城市是否适合你的发展，是否适合居住，其实这不仅要看自然条件，更重要的还要看城市的氛围是否能与你的性格契合。城市其实也是有自己的特有氛围的，有的城市的包容性很大，比如北京、成都、天津；有的城市可以给你的心灵一次疗养，比如青岛、杭州、桂林。如果你需要找一个每天忙碌、衣着端庄的白领状态，那么上海、珠海都很适合你，它可以让你肌肉绷紧，随时进入兴奋的状态。每一个人都有自己的发展和奋斗的目标，都有一个自己想要的生活，在这种心态的驱使下，你一定要努力找到一个适合自己发展的城市。

每个人都有自己的品位，而每一座城市也有自己独特的风格，一个人如果能够找到一座适合自己发展的城市，那么做起一切工作都会觉得如鱼得水。工作以外的时间，你都可以漫步在这座城市的马路边，或者找到一边青翠的草地，享受你想要的生活环境。很多人在一线城市的生活压力特别的大，而选择非一线城市，工作环境上就好的很多。因为非一线城市的竞争力没有那么大，而且消费也没有那么高。当然，如果一个想要在自己能够拼搏的年龄再好好地拼一拼的人，你完全可以选择一个具有挑战性、压力大的城市锻炼自己。

小六子是一个汉语言文学毕业的大学生，从小就希望自己能够成为一个小说家或者作家，但是在大学毕业后，直接留在了哈尔滨做教师。虽然教语文，但是他仍然觉得这样的生活距离自己的理想太远了。他下定决心要改变自己的现状，在哈尔滨物价很高，而工资却很低，这样的环境让他觉得自己的生活压力特别大，而且很无助。

第二年，由于母亲的阻挠，他还是没有走出黑龙江省，在哈尔滨投递了一个月的编辑简历，没有一个面试通知的电话。他随着自己的老同学来到了牡丹江，牡丹江是一个生活节奏没有那么快的地方，环境很好，空气清新，而且最重要的是工资高，物价低。在牡丹江做了一年的教师，他的工资涨到了每月 6000 元，而且没有任何住房的担忧，都是单位提供的套房。

虽然生活无忧无虑，但是那种想要出去闯荡的心并没有被覆灭，他渴望走出去的强烈愿望迫使他辞掉了自己的工作，只身一人去往了北京。在去北京的前一天，他在招聘网站上投了简历给一家杂志公司，结果在半路上就收到了面试通知的电话，他兴奋地急忙给母亲打了一个报喜的电话，告诉母亲在北京找编辑的工作似乎很容易。

在北京的一年里，他的确如愿以偿地做上了自己梦想中的职业，而且和文字亲密接触。北京这座城市的忙碌、紧张、刺激，让从前的安逸、宁静，全部都不见了。他住着一个月 500 元的地下室，每个月赚着 2500 元的工资，而且每天吃饭、交付一些水电费、燃气费之类的日常费用，自己生活得有些紧巴巴的，没有时间去逛街，即便是逛街也只是站在大街上随便地看看，没有什么东西是自己能够消费得起的，和曾经的生活水平形成了很大的差距。

在北京生活的一年里，虽然一切生活过得都不如以前，但是这段经历却让小六子觉得是弥足珍贵的。因为自从到了这里，他开始每天奋斗，每天早上都被自己的梦想叫醒，再也不靠自己的闹钟了。

这个世界上，总有一个地方是完全为你准备的，你在没有结婚定居之前，完全可以多找几个城市试一试，也可以多去几个城市闯荡，看看自己的心是什么样的感觉，自己最适合在哪个城市落脚、扎根。

至少有一次为了工作任务而废寝忘食

> 把尽量多的时间花在事业上。一天 12 小时、一星期 6 天是最低要求，一天 14 小时到 18 小时很平常，一星期工作 7 天最好了。你必须先牺牲家庭和社会上的娱乐，直到你事业站稳为止。也只有到那时候，你才能把责任分给别人。

每个人都要吃饭睡觉，这是任何人都必须要做的，什么事情都没有这两件事重要。俗话说得好："人是铁，饭是钢，一顿不吃饿得慌。"不吃饱了哪有力气工作，哪有力气思考呢？人应该睡觉的时候不去睡觉，疲劳就会使得身体的免疫力下降，同时，在疲劳的状态下，人容易做错事，大脑都不是十分的清醒。但是对于很多工作忙、学习忙的人来讲，废寝忘食是一种经常的状态。因为吃饭和睡觉并不是一项任务，可以拖延，也可以不做。但是工作却是紧急的事情，是你必须要做的，不得不做的。

忘我的工作状态其实是很难得的，每个人至少有一次不是因为工作紧急还有工作任务量而忘我的工作，仅仅是因为你的认真和一丝不苟让自己融入工作之中，心中完全没有任何的想法，仅仅是因为专注而忘记了吃饭或者睡觉，其实这种感觉并不是人人都能够遇到。当然，睡觉吃饭乃人体健康之本，偶尔奋斗忽视一两次尚可，长此以往则舍本逐末了。

网络写手林夕水一直都是小说迷，自己也酷爱写小说，大学毕业以后，在家待了4个月，一直在发发小说，打打零工这样过活。日子过得也算顺遂，但是林夕水总是一副很失望的样子。因为自己在网络上发表小说有4个年头了，也写了十余部作品了，但是却一直都不温不火，没有什么特别的地方。想一想自己在各大网站混迹那么久，居然都没有自己独立的读者，而且也没有任何一部作品点击率超过一万的。

林夕水找到了一份编辑的工作，在工作中认识了同事白羽桐，两个人都是文学爱好者，而且也都是小说迷。两个人有一次为了比拼谁的思维更加的开阔，在网络上新开始了一部小说，随意地添加情节，并将两个人的小说取名为《天道》。两个人在编写这部没有固定情节、没有固定人物的小说时，一个人续写上一个人的一段，层层比拼，不知不觉就到了深夜。当林夕水反应过来的时候，他才发现自己错过了吃饭。

饥肠辘辘的他关上电脑，打开冰箱，却没有发现任何吃的。结果一头栽在床上，昏睡过去。第二天起来正常的上班，已经不记得自己和同事写的这部小说了。过了几个月后，他更新自己的小说时，发现了很多的留言，大部分的留言都是："作者不更新，心情崩溃"，然后还有红色的提醒消息。他疑惑地打开消息，居然发现是小说网站的责编发来的消息，通知自己的小说《天道》可以和网站签约了。

看到《天道》两个字，林夕水就晕了，这是什么时候写的小说，怎么可以签约了，结果打开的时候才发现，这部小说的点击率已经超过了5万了，而且还在持续上升中，很多网友留言问接下来的情节。为了这个激动的消息，林夕水辞去了编辑的工作，和网站签约，做了专职的网络写手，他在电脑前敲打着键盘，他很高兴自己离梦想终于越来越近了。

他从来都不知道，原来废寝忘食之时的感觉就是完全地沉浸在一件事情之中，而且丝毫感觉不到饥饿或者困倦。自己的小说得到了这么多人的追捧，也算是了却自己的心愿。在这样的高热度、高追捧下，林夕水决定要再一次为自己的小说事业而废寝忘食。

一个上进的人要将自己的工作看成是自身生存和个人发展的平台，尽心尽力地为之付出努力，尽量能够在自己的工作中学到更多的东西。而且只要你积极地做好每一件工作，在工作上能够做出卓越的业绩，最后就一定会得到老板的赏识和提升。要知道，工作不仅仅能够让我们拿到薪水，还可以让我们体现自身价值。为你的工作废寝忘食一次吧，仅仅是因为热爱。

去摆一次地摊

> 中餐推销家潘洪江说："做生意，要随着情势的变化而变化。做小生意，在于勤；做大生意，要看政治观局势。"一步一步来是做生意的诀窍。

也许很多人是不屑于去摆地摊的，但是事实上并不是每个人都会摆地摊，都能摆地摊。能够摆地摊，将自己的小生意做好也是不平凡的人。很多人放不下自己的身段，觉得摆地摊很丢脸，实际上不去亲身接近一下平凡的大众，你永远都不会发现，当你第一次站在那里，想要从这些平凡人的手中赚点钱是多么的不容易，第一次站在大庭广众之下，你会紧张到口干，你的勇敢一瞬间也会烟消云散。你如果想创业，不妨试着去摆一次地摊，锻炼一下自己的胆量，看看在这样的情况下，如何让自己的生意也能够风生水起。

很多人都小瞧摆地摊，摆地摊需要的成本没有那么高，但却是可以在短时间内让你看到回报的生意。而且摆地摊想要赚到钱，想要自己的生意好，也是需要头脑和经验的。摆地摊做生意，一定要找市场大，利润高的产品，并且应该有自己的一套好的方法。摆地摊也能够赚大钱，同时让很多人见识到什么是做生意的开端。其实从某种角度来看摆地摊比一些白领上班族要强一些，因为他们既是老板又是打工仔。而且摆地摊可以让你试着放下面子，体验到生活的艰辛苦，懂得坚持。

　　小树是一家公司的白领，平时赚的钱完全可以养活自己，但是他总是觉得生活应该找点刺激。女朋友也是一家公司的白领，每天下班拒绝和小树约会，总是抱着一大袋的东西就跑。有一次，小树偷偷地跟在女友的身后，才发现她原来是跑到百货大楼的对面租了个摊位摆地摊。看到这一幕，小树很生气，冲上去拉住女朋友的胳膊说："你干吗跑到这来摆地摊，多丢人。"听到小树的话，女友很生气，狠狠地甩开小树的手说："嫌丢人，你可以当作不认识我啊！"小树愤怒地说："我赚的钱不够花吗？"女友也很生气地说："你就知道整天坐在办公室里，不知道享受生活，有意思吗？"小树也很生气地说："摆地摊就是享受生活，就是体验生活了？你真幼稚！"

　　两个人最后不欢而散，但是女友依旧坚持在那摆地摊。小树一个人走回家，走在半路上，看到那些在马路两旁摆地摊的人，他一脸的不屑。这个时候只见一个外表光鲜亮丽的老外，径直地走到了一个地摊前，拿起一条围巾，问道："How much？"摊主举起手摆出来一个数字，用一口流利的英语回答老外："Twenty—two"，老外用不可思议的眼神说："Oh，it's too expensive."然后两个人就用英语对起话来了。

　　看到这一幕，小树惊呆了，怎么现在的小摊贩也这么厉害，难道白领现在都流行摆地摊了？想了想，他转回身再一次来到女友的摊位前，然后俯下身看着女友卖的那些水杯，拿起来一只说："这个不错多少钱？"女友看到这一幕，也愣了一下，但是旁边有顾客，然后女友顺势地回答："10块钱。"小树拿起杯子掏了10块钱，然后离开了。走出女友摆摊的范围外之后，他拨通了女友的电话："这杯子进货多少钱。"女友回答："4元。"

　　第二天，他自己也在下班后的时间，摆个地摊卖一些男袜、男士拖鞋，他蹲在那摆着自己的货物，几个人从身旁走过，看着他的小摊，他的心开始剧烈地跳动，紧张得手心出汗，也不好意思喊。他看到其他的小摊贩那里都有人光顾了，他嗓子发紧，口发干。他强迫自己发出声音，然后挤出一句："品牌鞋袜，低价处理啊！"过来一个男人，拿起袜子问："多少钱一双？"看到有人来光顾，小树紧张又高兴："10 元钱 3 双，质量超好，我自己也穿。"

　　那个人挑选了 3 双，递给小叔 10 块钱，小叔心里暗爽："哎呀，10 块钱 7 双进货，我还赚了 4 双呢！这种感觉好奇妙，和在办公室坐着工作，一个月赚几千块的感觉完全不同呢！"接下来他好像受到了鼓励，没到两个小时，自己的货物全部都卖光了，他感觉自己今晚高兴得都会失眠的。还心里盘算着："要再进一批货，然后一天就有额外的 400 元收获，一个月就是'万元户'啦！"

　　其实，摆地摊也需要一定的技巧，所以有的地摊生意才会那么好，甚至做成大买卖，而有的人也只能是一直在摆地摊，赚些小钱。现在越来越多的人用练摊来创业，如果能够给自己的地摊起一个颇有特色的名字，这其实也是一个很好的招揽生意的方式。你应该摆一次地摊，它可以丰富你的生活体验，体现到平顺的生活中不易体验到的。

Part 9

教育习惯篇

给自己的儿女写一封长信

一封信，只要翻出来，那种刻骨铭心就上演一次。这也许是对孩子最平静、最管用的一种教育方式。

每个人的生命路途中经历了人生的种种考验，然而这宝贵的经验要如何传授给自己的儿女呢？如果说直接教育或者引导，孩子在青春叛逆期，有的时候效果并不是很明显，甚至会起到反作用。如果让他们亲身体验，效果一定很好，但是作为父母，谁都不愿意"明知山有虎，偏让自己的孩子往虎山行"。有时候说服式教育并不是最佳的教育方式，在孩子的眼中，永远都认为大人在夸夸其谈。作为家长，在教育孩子方面，完全没有必要采取棍棒和唠叨的方式，这样只会让孩子反感。如果你想要对自己的孩子说点什么，不如郑重地为他们写一封长信。

在这封长信之中，你要褪去自己是一个高大的父亲或伟大的母亲的外衣，而是真心实意地在和你的儿女分享和讲述你的人生，你可以从亲情、爱情、友情几个角度娓娓道来，期间不要掺杂任何的隐瞒，但是必不可少地要讲一下你受过的人生伤害。只有让你的儿女们知道如何做，如何说，才能够避免一些不必要的麻烦，少走一些弯路，这才是你写这封长信的意义和价值。对待自己的儿女，在信中语言上要诚恳，不要掺杂过多说教性的文字，你可以给他们机会自己去深深体会、领悟，面对这样细心、真诚的父母，儿女们怎么会不动容?

如果你写给你的女儿,其实可以这样写:

女孩子面对这个五彩缤纷的世界,都会有自己的喜好和追求。也许你心中也期待浪漫的爱情,对于珠宝首饰和英俊多情的男人会动心,你完全可以凭借着你的才华和努力去争取,你可以用所有正当的手段去为自己博取幸福。但是,女儿,请你记住,如果你喜欢的男孩子是在恋爱期间,你是有平等竞争的机会的。如果对方已经进入了结婚状态,即便这个男人如何令你心驰神往,你都必须接受现实。你要知道抢夺别人的人或物都是不磊落的行为,这和小偷没有什么两样。而且,一个已经结婚的男士,能够被第一个女人抢走,其实也能够被第二个女人抢走。抛弃家庭的男人没有责任感,完全是嬉笑人生。

爸爸和妈妈陪伴你的时间是有限的,如果你需要爸爸和妈妈的帮助,你尽可能地说出来,爸爸和妈妈会永远支持你、帮助你。如果有一天,你再也见不到我们了,希望你能够独立地担起一切事情,勇敢地走下去。

面对你的朋友,你要知道只有你真心实意地对待他人,他人才可能真心真意地对待你。在这个人生的道路中,有很多事情是需要你管理和经营的。女孩子总是喜欢和几个小姐妹谈天说地,但是我的女儿你要记住,谈话是以一个道理为主题的,而不是针对某个人。

如果你打算写给你的儿子,你可以这样写:

爸爸妈妈和你的生命旅途大体相似,我们一路走来,儿子也将是。作为一个男人,你要顶天立地,要拥有博大的胸襟。你要拥有自己的事业,你要具备责任感。无论什么情况下,都不要先考虑用武力解决问题，在暴力上占老大不是什么光荣的事情。男人可以抽烟、可以喝酒，但是不是要你成为一个烟鬼和酒鬼。

你虽然是男人，但是邋遢总是不好的。以爸爸和妈妈的角度和经验来讲，女孩子更喜欢干净清爽的男人。男人味是体现在性格上的，却不是体现在酸臭的邋遢衣物上面。

儿子，如果你有心仪的女孩，就大胆地去追求，不要留下任何的遗憾。喜不喜欢是你的事，答不答应是她的事。男人花心可以，当然局限在用美女来养养眼，但是多情或滥情会严重地降低你的人格指数，男人专情才是最有魅力的。男人该大方的时候不要太小气了，钱的确很重要，但是过于看重钱，会让人觉得你失去更多。

其实，作为父母，在教育孩子的方面或许会有很多的感触，很多要说的地方。因为你的丰富人生经历足够给你的孩子编写一部人生阅历的总汇，他们能够在你的写作中读到一些他们可以了解到的，丰富他们人生道路的秘籍。写一封信和说一段话是不一样的，一段话在耳边萦绕一段时间，渐渐地消退了。但是一封信，只要翻出来，那种刻骨铭心就上演一次。这也许是对孩子最平静、最有效的一种教育方式。优秀的男人，试着去给你的孩子写一封长信吧，你的信总有你自己想要传达的内容，想要给你的孩子怎样的忠告，你的孩子会按照你建议的路走下去的。

为自己的孩子写一本成长日记

> 一本成长日记，记录孩子成长的每一个瞬间，这些都是孩子将来珍贵的宝库和最美的回忆。在父母的记录下，孩子是这本日记的主角，他会在父母的记录下，自信心倍增，同时能够更加深切地感受到亲情的温暖。

为人父母的你，有没有想过为你的孩子写一本成长日记，从他睁开眼睛的那一刻，叫第一声爸爸或妈妈，迈开了人生的第一步，他的每一次哭泣、每一次欢笑。当他长大成人的时候，或者在他过16岁生日的时候，将这份日记作为礼物送给他，让他感受生命每个阶段的惊奇，让他去体会生命的珍贵。当他在看完这本日记的时候，你根本不需要给他讲什么大道理，所有人生的哲理都在里面了。当他看到伴随着自己几千个日夜的点滴，他怎么会不动容？要知道这一本日记才是最珍贵的，里面有他一生享用不尽的财富。这个日记作为生日礼物，它的意义远远地超越了所有的一切，这是多少物质都无法比拟的感受和经历。

你应该为自己的孩子写一本成长日记，记录孩子成长的每一个瞬间，这些都是孩子将来珍贵的宝库和最美的回忆。在父母的记录下，孩子是这本日记的主角，他会在父母的记录下，自信心倍增，同时能够更加深切地感受到亲情的温暖。

林诺在自己过14岁生日的时候，父亲送给了她一本日记。那天，她正要跑去和邻居家的小红玩跳皮筋。她看着父亲递过来的日记本，有些厚重，有些陈旧，她也不明白为什么父亲会送给自己这样一本日记，只是觉得姑姑和舅舅给自己的钱还有漂亮的衣服要比这个实际得多。但是无论怎样，她还是接了过去，然后拿到自己的房间里，趴在床上看了起来。

渐渐地已经到了深夜，她的房间里依旧亮着灯光。父亲给她的这本日记，详细地记录了林诺从出生到开始学步、开始上幼儿园，这一切在她的记忆中早就模糊了。她看着自己早就不记得的事情，还看到自己曾经因为感冒发烧，害得父母一夜未合眼；自己和妈妈吵架，和爸爸怄气，只是因为不允许她参加同学组织的"北山探险"，原来那天是妈妈的生日……读到这些，林诺的眼睛湿润了。

原来自己以前是那样的不听话，爸妈为自己操劳了那么多。还有小学四年级的时候，早恋就开始进入了自己的生活。爸爸和妈妈非常鼓励自己交朋友，但是那一次自己因为早恋却挨了打。父亲很心痛，几天都没有吃饭，并不是和自己生气，而是惩罚他自己，没有保护好女儿。

这一点一滴已经积累成册，每一段回忆和记录都是自己的曾经。林诺深深地体会到了父母的爱，她知道父母的爱就是那样点滴无声，第二天早晨，她看到爸妈，微笑着说："谢谢爸妈。"

父母的一本成长日记是孩子一生也享用不尽的财富，不要小看这样的一本日记，它可以教会孩子很多，可以磨炼他的意志，虽然只是一本普通的本子，但是留在孩子心中的东西，是永远也磨灭不了的。作为父母，请为你的孩子记下成长日记，当日记慢慢变厚的时候，孩子的人生路也逐渐展开，那么，就把这份日记交给他，让爱和祝福伴他一生。

每天和自己的孩子谈谈心，了解他们的想法

> 沟通是避开误解的首要条件，交流是了解的前提。不能沟通的两个人之间，就像筑起了一面高高的厚墙，彼此之间的陌生感就会加重，你看不清对方，对方也不能明白你。

高尔基说过："谁最爱孩子，孩子就最爱谁，只有爱孩子的人才可以教育孩子。"爱是教育的本质，作为父母只有将沟通进行到底，你才可能更了解你的孩子，你才可能找准更适合孩子的教育方法来教育他们，给他们最正确的爱。合格的父母，都懂得定期与孩子进行沟通，这种沟通主要以聊天为主，而不是训话。在沟通中，需要注意，不要拿着一种家长的架势去和自己的孩子谈话，而是作为他们的朋友，目的在于使双方互相了解。尤其是当下，独生子女很多，他们的性格中有自私和叛逆的一面。建议父母在谈话的时候，少讲道理，多引导和鼓励，同时也要反思自己的言行。

《孙子兵法》中说："知己知彼，百战不殆。"只有充分地了解了孩子们的想法，才能想到适合的对策去教育和引导他们。了解的方法就是沟通，大部分家长总是以欺骗的口吻骗取了孩子一时的信任，当孩子说出一部分自己的真实想法时，他们立即就露出本来的面目。其实对于孩子要宽容，你应该知道，在自己还是小孩子的时候，也曾经常因为调皮捣蛋而挨打。孩子之所以会犯错就是因为他们原本就不像大人那样，知道的和顾忌的比较多。对孩子宽容，而

且谈话的时候要以鼓励为主。很多时候，父母一个肯定的眼神和一句信任的话语都能影响孩子的一生。

小刚这几天回来都偷偷地躲进自己的房间，柳西叫他也不出来，有的时候真的很想揍这小子一顿，但是每一次都被妻子拉住。吃饭的时候，小刚也不敢抬头看父亲，母亲只是一味地给小刚夹菜。柳西觉得小刚的行为很奇怪，就问小刚："小刚，你最近是不是有什么事情瞒着爸爸啊？"小刚听到爸爸的问话，吓得筷子都掉了一支。柳西的妻子在桌子底下狠狠地踢了柳西一脚，然后笑呵呵地说："乖儿子，好好吃饭，吃完赶紧写作业去啊。"

晚饭后，妻子在厨房洗碗，柳西来到厨房问妻子："你就没有一点点的感觉吗？小刚他不对劲啊。"妻子听后说："的确是不对劲，但是越是不对越要找到原因，不要在吃饭的时候训孩子，容易得胃病。"柳西听到妻子的话，忽然觉得很惭愧。

柳西去邻居家和老吴一起看足球联赛，老吴在喝茶的时候说："我那儿子原来一直想考美术，我就觉得没什么出息，考个军校将来出来多好，没想到儿子原来有那么多的想法。看来我每一次都没有顾虑到他的感受，说来真是惭愧。"听到老吴这么一说，柳西说："全中国画画的人多了去了，有几个成为画家的？你不能总是依着儿子啊。"老吴说："儿子从小就喜欢画画，我却不知道。他的画已经可以赚钱了，我还一无所知。"

柳西从老吴家回来以后，心里面一直惦记着儿子小刚。他觉得自己应该了解儿子的想法，这样才能帮到儿子。他敲了敲儿子的房门，然后走进去先是看儿子微笑，小刚看到爸爸的变化也愣了一下。柳西说："小刚，最近你好像心情不太好，是不是爸爸有什么不对的地方啊？"小刚连忙摇头说："没有不对的地方。"看到小刚欲言又止，柳西说："儿子，爸爸曾经做过一些特别对不起你奶奶的事。"接下来的时间，父子俩对坐着，小刚听着父亲讲着自己小时候的事情。他放松了心情，拉着爸爸的手说："爸爸，我其实也没什么事，就是我最近喜欢上了我们班的吴如意。"

听了儿子的回答，柳西才知道，原来儿子是早恋怕自己责怪。柳西赶紧平复一下自己的心情，和儿子说："你们可以成为很好的朋友，但是你现在还小，如果真的喜欢她，就是要给她幸福，你现在还是学生，怎么给她幸福呢？"小刚听到爸爸的问话沉默了。柳西继续说："我觉得你可以继续和她做朋友，然后努力学习，考上大学，以后努力让自己有所成就就可以和她在一起了，你觉得呢？"小刚若有所思地点点头。

家长有的时候如果不能在学习上给予孩子太多的帮助，那么就应该细致地照顾好孩子的生活，在生活上尽量地了解孩子，并及时地帮助他们排忧解难。家长能够在孩子的关键时刻施以援手才是孩子最需要的，可以和孩子交流一下心得，也可以换位思考听听孩子的真实想法，对家庭状态及时地进行调整。父母是一个家庭中最重要的角色之一，更是一个家庭重要的决策人之一，如果你不能了解自己的孩子，不能和自己的孩子谈谈心，真的是一件很悲哀的事情。

在人多的时候，夸奖孩子一次

英国著名哲学家、思想家、教育家约翰·洛克曾说："父母越不宣扬子女的过错，则子女对自己的名誉就越看重，因而会更小心地维护别人对自己的评价。若父母当众宣布他们的过失，使他们无地自容，他们越觉得自己的名誉受到打击，维护自己名誉的心思也就越淡薄。"

孩子应该如何教育？虽然中国古代有"棍棒之下出孝子"的说法，但是随着社会的发展，人们思想观念的改变，现在孩子的培养不再是那种暴力和恐吓，而是以引导和说教为主了。孩子应该如何教育，至少应该保留最基本的人权。孩子也是有自尊心的，如果作为父母，不能够在人格和观念上，给孩子充分的自尊心，对他幼小的心灵造成伤害，那么，就不能被称作一个合格的父母。

身为父母，你必须知道，夸奖和表扬对于孩子来说，不仅仅是一种鼓励，更是一种认同和评价。很多人选择在人前训孩子，其实也是由于古代的训诫中留下来的"当面教子，背后教妻"而影响。而且，多数人选择当面训孩子主要是认为这样不仅仅可以教育好孩子，让孩子知书达礼，尽快地改正自己的不足。另一方面也是怕孩子失礼，担心别人说家教不严。实际上，孩子虽小，但是仍然有自尊心，同样需要大人的尊重。如果大人总是在"人前"责骂或者怪罪孩子，除了会伤孩子的自尊心以外，还容易造成孩子畏首畏尾，怕前怕后，从而失去自主性。

小丽今年 7 岁，上的是寄宿制小学。小女孩聪明懂事，自理能力很强，深受老师们的喜爱。于是在老师选正式班长前，她一直都是老师指定的代理班长。也许是她平时管人太多，得罪了同学，尽管成绩好，在正式选举班长的时候，她的票数却没有班上的小洲多，最后没能当上班长。

回家以后，小丽把这件事告诉了爸爸和妈妈，妈妈只是说："你学习好，妈妈很高兴，当不当班长，其实并不重要。"听到了这句安慰和鼓励的话，小丽沮丧地一个人回到了屋子里面写作业。小丽的爸爸并没有把当班长这件事看得很重要。

一天周六，小丽的爸爸带着她去单位，小丽爸爸的同事看到了小丽，就和她聊天说："你在班里当什么干部啊?"小丽脱口而出："我是班长。"当时这位同事并不知情，便在小丽爸爸的面前夸奖了小丽。小丽爸爸这才意识到小丽说谎了，虽然心里有些生气，但是他压住了自己的怒火。他故作惊讶地说："哦，你当班长，爸爸怎么不知道呢?"小丽自觉很无趣和尴尬，于是顺着他说："我忘了告诉你了。"

小丽爸爸觉得当着朋友的面不好发火，而且朋友也没有什么反应。于是在回家后，小丽在看电视的时候，小丽爸爸说："小丽，把电视关了吧!"小丽一愣，"爸爸想和你谈谈。"小丽立马变得紧张起来。小丽爸爸说："不要紧张，爸爸不是想要惩罚你，就是跟你说说你撒谎的事。撒谎是恶劣的品质。撒谎是当不上班长的，也没有同学会喜欢你。"随后小丽爸爸一一列举了小丽的撒谎事件，小丽知道自己错了，羞红了脸低下头。此后，她的毛病越来越少了。

　　要做一个合格的父母，你应该站在孩子的角度来理解孩子的心情。要转变自己的观念，要尊重孩子的情感。不要认为孩子小，不懂事，就忽视他们的感觉。对于孩子的教育不应该采取简单，以暴治暴的办法。这样会损害孩子的自尊心，尤其是在人多的时候。而且家长的权威不是压制孩子的正常健康发展和打压孩子童真的武器，作为父母应该学会在教育方面有效地引导孩子。要学会与孩子商量，如果孩子对于家长的意见有异议，那么家长只需要及时的解释、分析，有的时候还需要听取一下孩子的意见，做到平等相待。

　　教育孩子的前提是尊重孩子。在人多的时候训孩子，会给孩子的自尊心带来极大的影响。一般情况下，受到了批评，对于孩子来说，最深的影响是孩子会变得胆小、怯懦。18世纪英国著名哲学家、思想家、教育家约翰·洛克曾说："父母越不宣扬子女的过错，则子女对自己的名誉就越看重，因而会更小心地维护别人对自己的评价。若父母当众宣布他们的过失，使他们无地自容，他们越觉得自己的名誉受到打击，维护自己名誉的心思也就越淡薄。"身为父母的你，一定要记得，对于孩子，该留的面子，一定要留。

同一个10岁以下的孩子猜一回谜语

　　猜谜语是具有趣味性的，人们可以在孩子玩耍时，多和孩子猜一些谜语，一方面是为了寻找失落的童心，另一方面也能够帮助孩子进行智力开发。

212

身为父母，应该至少有一次同 10 岁以下的孩子猜谜语的经历。不要觉得这样做很幼稚，因为不知道在什么时候，成人总是认为自己的智力比儿童高，但是你却会在和他们猜谜语的时候，如果有 10 个谜语，你肯定不如孩子猜出得多。孩子的脑袋是充满了各种新奇的想法，然后大人们所谓的智慧其实就是自以为是的经验和见识。其实，你如果可以经常性地和自己的孩子猜谜语，可以激发孩子开动脑筋，好处是非常多的。

猜谜语是具有趣味性的，你可以在孩子玩耍时，多和孩子猜一些谜语，一方面是为了寻找失落的童心，一方面也能够帮助孩子进行智力开发。当然和孩子猜谜语的时候，尽量猜一些贴近孩子生活的，而且是孩子常见的事物。你如果要在谜语上和孩子较真，比一个高低出来，实在是有很大的问题。况且谜语太过于复杂，缺乏生活经验和知识的孩子很难猜中，那么他就会失去猜谜的乐趣，也达不到对孩子智力的锻炼。猜谜语有利于促进父母和孩子之间的情感，你应该和自己的孩子多做一些这样有益的活动。

邹衍和 6 岁的儿子平时就喜欢在晚饭后玩一些猜谜语之类的游戏。有一天，邹衍问儿子："上边毛，下边毛，中间一颗黑葡萄。这是什么呢？谜底是人体的器官哦。"儿子想了想，眨了眨眼睛说："是眼睛"。邹衍笑着点点头。儿子来了兴致说："爸爸，我给你出一个特别难的吧？"邹衍看着可爱的儿子，笑着说："嗯，你说说看。"

"紫色叶片紫色树，紫色树上开紫花，开了紫花结紫果，紫果个个盛芝麻。"儿子神秘地说。邹衍问："那么谜底是什么物体吗？"6 岁的儿子说："是个能吃的哦！"能吃的东西可多了，邹衍试着猜道："难道是葡萄？"儿子笑笑，然后摇摇头。邹衍想了想说："难道是山竹?"儿子又说不对。邹衍终于投降,然后对儿子说:"你还是公布答案吧!"儿子得意地说:"是茄子哦,这个是我猜到的呢。"邹衍满意地点点头。

邹衍继续问儿子:"形似乌龟养命宝,一日三餐不可少。打一食物。"儿子立即激动地说:"大米,是大米。我们每天都吃大米饭呢。"邹衍开心地将儿子抱起来,狠狠地亲了几口,然后说:"宝贝真是太聪明了,比爸爸棒多了。"似乎得到了爸爸的肯定,儿子撒娇地说:"爸爸再给我出几道谜语吧。"邹衍无奈地说:"红门墙,白院墙,里面住个红姑娘。既会说,又会唱,一日三餐用得上。"似乎这个谜语太长了,儿子低着头想了想,然后悲伤地摇摇头。

邹衍笑着说:"你看爸爸,红门墙就是嘴唇,白院墙就是……"还没等他说完,儿子立刻喊道:"我知道了,白院墙就是牙齿,红姑娘就是舌头,谜底就是嘴巴。"邹衍开心地和老婆说:"儿子只要一提点就都能猜中,太聪明了。"

身为父母,不仅仅要锻炼自己的孩子猜谜语,还要锻炼孩子编谜语,这样对于孩子的发散思维才能够得到全面的锻炼。在让孩子编谜语之前,大人应该先做个示范,如果孩子自编的谜语不一定能像大人编的一样顺口,不要因为这样就对孩子进行批评,要耐心地和孩子一起分析、修改。猜谜语是一种很好的益智活动,对孩子很多方面的能力都有培养作用。你在和孩子猜谜的时候也要多多动脑筋,不要以为孩子很好应付,就随意地出一个谜语,这样给孩子做出的榜样就是随意的。对于孩子要以鼓励为主,要让他们对猜谜有自信和乐趣,要给他最热烈的表扬。

带孩子进行一次旅行体验

> 与其让孩子习惯于从图画书、卡通片中去"了解"和"感知"那些并不真实甚至并不存在的世界，不如带他们去感受微风，听一听深山里的鸟语虫鸣，看一看田野里的绚丽色彩，以这样的一种方法来唤醒孩子们感知世界的能力、陶冶孩子们的生活情趣。

旅行能够让人的心情得到放松，开阔眼界，并亲近大自然，感受生命的活力。旅行很好，每个人都知道旅行的好处，但是很多人旅行却不愿意带着孩子，因为对大人来讲，带着孩子似乎是一件麻烦事。其实，只要你事先有一个周全的计划，再做一些必要的准备，与孩子一同去旅游会有无穷的乐趣。至少你应该带着你的孩子试着逃离琐碎的生活，享受恣情而放松的亲子时光，或者你期待用旅行的方式重新发现孩子，发现自己，又或者你仅仅想和孩子一起，用心去体验和体会这个世界更多未知的可能性，那么，请让他拉着你的手，一起去旅行吧。

其实优秀的父母至少每年都能够抽出一点时间带孩子旅行。因为旅行这项活动至少要比美食、玩具和新衣服有益得多。与自然亲近的孩子比成长在"水泥森林"的城市里的孩子性格更开朗、更富有创造力。与其让孩子习惯于从图画书、卡通片中去"了解"和"感知"那些并不真实甚至并不存在的世界，不如带他们去感受微风，听一听深山里的鸟语虫鸣，看一看田野里的绚丽色彩，以这样的一种方法来唤醒孩子们感知世界的能力、陶冶孩子们的生活情趣。所以，优秀的父母赶快行动起来，利用一个阳光明媚的周末带着孩子们走进大自然吧。在大自然中与孩子手拉着手，让你们的心更加地贴近，这个时候孩子有任何的心事都会一吐而出。

杨先生在儿子不满一周岁的时候，就开始带着他走南闯北。现在儿子才刚刚8岁，就已经去过马来西亚、新加坡、菲律宾、泰国和澳大利亚等国家。小小年纪的杨深深已经成了资深的驴友。

有一次在菲律宾，杨深深不到5分钟的时间就已经和当地的小朋友打成一片，杨先生看到了儿子的表现，都暗自佩服他的交际能力。由于经常带儿子出门旅行，他已经具备了超强的自理能力，有一次对他说去香港地区，他立即就拿出旅行包，自己整理出旅行必备的一些创可贴、简单的肠胃药、感冒药，还准备了一些简单的生活用品和衣服。

杨先生和太太带着杨深深去北京参观历史博物馆，旁边的导游一直在细心地讲解文物的来历和历史事件，儿子听得非常认真，有的时候还会张口问。这样认真的表现是在家里时从来都没有表现出来的。而且每次旅行，给杨先生感触最深的就是儿子一整天都背着他们的背包，虽然是轻装上阵了，但是背包还是有点分量的，儿子的举动让杨先生和太太都颇为感动。

夏天的时候，杨先生一家去了沙滩海边度假，夫妻两个人躺在沙滩上晒太阳，儿子杨深深就在沙滩的边上玩沙子，等他们起来的时候，儿子自己已经做成了一个硕大的沙堡。而且把自己的爸爸、妈妈全部都圈在里面，自己虽然累得满头是汗，但是却笑得很开心。看着儿子将无形的沙子创造出各种各样的形状，杨先生欣慰地笑了。

杨先生弟弟家的女儿，从小就没有参加过任何的旅行，看懂孩子羡慕的眼神，杨先生和自己的弟弟提出也让他带孩子出去旅旅行，但是弟弟总是不以为然。有一天，杨先生带着自己旅行的录像拿回来给侄女看，图片中播放了阳光的明媚、春风拂面，小鸟在树上叽叽喳喳地叫，杨先生问："刚刚是什么在叫啊？"杨先生弟弟的女儿摇摇头说："不知道啊。"杨深深在旁边却大呼："是喜鹊在叫啊。"

杨先生和弟弟说："儿童的知觉应该比成人敏感，对周围的一切都充满着好奇，然而这些原本属于儿童的特性，在城市儿童的身上却已经变得模糊不清了。"杨先生的弟弟若有所思地点点头，他忽然间也觉得自己应该带着孩子从图书中跳跃出来，感受一下大自然的魅力了。

孩子如果不去旅行就无法感受到生活和大自然中的真、善、美。而且旅途中的一切都是最形象最生动的教材，他们可以感受到城市里永远感受不到的体验、学到教科书上永远学不到的知识。孩子们也许能够从教科书中获取很多植物的样子或者名称，但是对于这些实物的感知能力和亲身的体验是非常匮乏、非常浅薄的，作为优秀的父母，我们至少应该培养自己的孩子不畏艰难和谦虚谨慎的情操。可以让孩子在了解历史文化的同时，启发他们观察现在、思索未来。

和孩子互换一次角色，让孩子感受到责任

　　和孩子互换角色，不仅给了孩子更多感悟的时间，同时还引导孩子要多考虑他人的感受。同时，孩子的责任感增强了，父母也能从中看到自己教育存在的弊端。

　　你也许在教育孩子方面有自己的心得，每个人都有自己独到的教育方式，当然最终的目的还是为了能够让孩子得到最好的教育，对孩子的健康成长有帮助。其实现在有一种教育，不仅仅能够让孩子从中受益，也能够帮助家长很好地反思，比如与孩子进行一次角色互换，看看我们孩子眼中的教育方式。也许男人可以从与孩子互换的角色中得到一些教育孩子的灵感，也许你从孩子模仿你的教育方式中，能够找到自己教育的弊端。你在教育孩子的方法中，至少应该体验一次与孩子互换角色，因为这样做不仅仅能够让孩子受到教育，同时也能够让自己获得提升。

　　有句话说，孩子的第一任老师是家长，家长的一言一行无不影响着孩子的健康成长。什么性格的家长，他的孩子也大都会形成什么样的性格。这句话说得很有道理，作为家长，你不能忽略掉孩子的感受，只是一味地催促甚至是强迫小孩学习学习再学习，忽略了与小孩的平等交流与沟通，忽略了孩子除了学习之外的快乐，同时我们自己也存在拖拉、找借口、专制、心浮气躁等毛病，无疑又在深深地影响小孩。你应该主动改变过去命令式的强硬态度，收敛

"家长"作风，注意自己的言行，不对孩子提过分要求，维护他的自尊，并更多地与之平等交流。

宁宁的爸爸对于孩子最近的一系列表现甚为不满，听说隔壁佳宝的爸爸与儿子互换角色，把儿子教育得很好，于是他也决心和自己的儿子换一次角色。两个人谈好条件之后，就各自回房睡觉了。第二天早晨，爸爸走到宁宁床前说："爸爸起床啊！我要上学啦！"

只见宁宁眼睛都不睁开很随意地说："找爷爷带你去嘛，爸爸还要睡一会儿，爸爸8点才上班。"爸爸焦急地说："现在已经7点40了，再不起床就要迟到了！"宁宁继续闭着眼睛模仿爸爸说："爸爸昨晚加班啊，很辛苦的，迟点再去。"爸爸无语，不过仔细想想，自己平时还真的就是这个样子。

爸爸故意将衣服弄脏，然后趴在地上玩着玩具，宁宁走过来，一脚踩坏玩具说："你这个脏娃娃，瞧你的德行，赶紧去写作业去。"爸爸心里面很委屈，但是写了一会儿看了一下墙上的时间，足球赛要开始了，急忙跑到客厅，打开电视，这个时候，宁宁一个箭步走过来，"啪"的一声将电视关闭，然后以命令的口吻说："去，练钢琴去！"

爸爸觉得不可理喻说："可是我刚刚才写完作业……"宁宁用很严厉的口吻说："作业是作业，钢琴是钢琴。"然后自己跷着二郎腿坐在沙发上看起了足球赛。爸爸没有办法，跑去练钢琴，一会儿就累得不行，没想到宁宁一直在旁边监督着说："现在不刻苦练钢琴，一会儿多做10道奥数题。"听到这句话，爸爸彻底无语了。

等没过多久，据说街面上有直销的商品，很便宜。宁宁急忙说："你在家学习，爸爸去买点东西。"爸爸急忙抓紧机会拉着宁宁地手说："带我去，我也要去。"宁宁不耐烦地说："那么多人，我还要拿着那么多东西，怎么能顾得上你，听话，一边学习去。"宁宁爸爸急忙躺在地上撒娇："不嘛，人家就要去，你要给我买货车玩具还有超人。"然后在地上耍赖，堵在门口哭了出来。宁宁皱了皱眉头说："你赶紧起来，要不我可踢你了，你都多大了，还要玩具？"

这样折腾的一天终于过去了，宁宁说："爸爸，我再也不和你换角色了，还要面对那么不听话的你，还要给你去赚钱，做饭，还要照顾你。"爸爸说："宁宁，爸爸和你也不换角色了，虽然你不听话，爸爸的确很累，但是每天被逼着做那么多自己不爱做的事情，爸爸也不高兴。"说完两个人拥到了一起，不久后，爸爸和宁宁之间的关系也很好了，他们都改变了自己。

很多时候，家长并不会过多地关注自己的言行，强迫孩子做一些连你自己都觉得很烦的事情。很多人认为孩子还小，没有什么感受，其实这种想法是错误的。孩子和我们一样，他们的感受有的时候甚至比我们更加强烈。往往看到孩子在学习中犯了错误，家长就会毫不留情地说孩子笨，但是孩子也不是一下就什么都会的。简单的表扬和夸奖其实是很有必要的，与其批评，不如表扬。我们完全可以挖掘孩子的兴趣，而不是一味地强迫或者催促。你如果有机会，真的可以这样试一次，至少你能从中得到一些你意想不到的东西。

带孩子去一次你的公司，了解你的工作环境

孩子随父母上班可以开阔眼界，增加他们对父母的理解与尊敬。让他们看到父母的辛苦过程，才会更加懂得心疼和珍惜自己的父母。

你如果有机会，不妨带着你的孩子去上班一天，让他了解到你一天的忙碌。这能够让孩子感受到父母的勤劳和不容易，同时也能够让孩子去公司了解你工作的环境，让他知道，你上班是件很辛苦的事，让孩子更能体谅你，并对你心存感恩。

在公司里面，孩子会遇到一些你很熟悉，但是对于他却很陌生的人，为了防止宝宝产生暴躁的情绪，你可以带着他在公司里面四处转转，介绍一些公司里面的同事，提前教他与人交流和接触，减少他的陌生感和不安的情绪。

当然，说得很轻松，实际上带孩子去公司是一件非常冒险的事情。因为过于活泼的孩子可能会影响办公的秩序，所以你在带孩子去公司之前，需要先对他"约法三章"，这样才能将孩子控制在不捣乱的范围之内。你可以和孩子讲明道理，告诉他叔叔阿姨工作都特别累，不要增加他们的负担，不要影响他们的工作，让孩子体会到责任感，而且如果孩子能够乖乖地守规矩，那么就应该给予适当的奖励，让孩子体会到信守诺言的好处。

小徐是一家室内设计公司的员工，孩子刚刚 5 岁，在上幼儿

园。一次幼儿园休息，小徐的妻子出差，双方的父母又都不在本地居住，没有办法，小徐只能自己带着儿子去上班。在开车的路上，小徐就紧张又担心，担心儿子在公司淘气，惹同事不高兴，或者扰乱大家的情绪，没有办法正常的工作。想到这里，他急忙提醒正在拿着超人乱飞的儿子说："豆豆，一会儿到了公司不要大吵大闹的啊，公司里面和你们幼儿园是一样的，如果说话了就会影响别人。知道吗？"豆豆听到后调皮地说："遵命。"

到了公司，没想到小徐的顾虑完全多余了。儿子不仅没有大吵大闹，还用恐惧的眼神看着每一个朝着他微笑的陌生面孔发呆。小徐立即打破尴尬说："豆豆，这个是李阿姨，那个是小王叔叔……"小徐给豆豆介绍了一遍。儿子茫然地点点头，然后一个人抱着他的小超人坐在办公室的沙发上。

不知不觉地，上午的时间过去了，小徐已经画出了自己的设计图纸。再瞧一瞧儿子，他一个人趴在桌子上，静静地在画着什么。小徐走过去，偷偷地看了一下，原来儿子在用笔画房子，有沙发和床，还有书柜。小徐第一次知道儿子原来还有这种绘画的天赋。但是儿子画的这些和屋子里的任何一个设计都不同，他是凭借自己的想象力画出来的。小徐立即趁热打铁夸奖了儿子一番。听到他的夸奖，儿子害羞地笑了。不一会儿，一群同事都围过来，都纷纷称赞小豆豆很聪明，画得很棒。

儿子的优秀表现让小徐有些意外，他从来都不知道自己的儿子原来有这么优秀。不仅仅没有在办公室里面吵闹，引来同事们的厌恶，反而受到了同事们的喜欢，大家都给他一些小零食哄他玩。老板也说办公室里今天有了小豆豆，大家的工作效率都翻了一倍。因为大家看到未来的小豆豆是大家的强劲对手，要来抢饭碗了。

其实，带孩子上班不但可以拉近亲子关系，还可以让孩子加深对父母工作的了解，而且对于自己今后的发展方向也多了参考。很多孩子只是看到了父母早出晚归的身影，享受父母赚来的钱，能够买到自己喜欢的东西，却从来没有亲眼见过父母拼搏的辛苦过程。而且很多孩子都觉得自己上学才是世上最苦的事情，然而当他们看到父母在公司里面劳碌，他们会更加懂得心疼和珍惜自己的父母，这样亲子之间的"代沟"就很容易解决了。而且有些孩子受到父母的影响，对父母会产生崇拜的心理，甚至立志毕业后从事与父母相同的职业。

现在带孩子去上班在欧美已经蔚然成风，而且许多欧美的公司都已经允许父母把孩子带到公司上班。甚至国外现在还有"带孩子上班日"，因为在他们的眼中，对许多孩子来说，随父母上班可以开阔眼界，增加他们对父母的理解与尊敬。如果条件允许，你完全可以带着孩子在你的公司待一天，让孩子感受到父母的辛苦，了解父母的工作环境，这对孩子的成长是十分有益的事情。

带孩子亲自去购物，让他更有主见

德纳姆说："我们决不可被盲目所左右，每个人都有他自己的见地。"培养自己的孩子要有自己的想法，不要让自己的脑子成为了别人的跑马场。

在日常的生活中，很多家长都希望自己的孩子能够是一个有主见、有思想的人，但是如何去培养孩子的主见呢？其实，身为父母，你应该给孩子一次表达自己意愿的机会，比如你可以带他去购物，然后让他自己去挑选自己喜欢的商品。因为在现实的生活中，有相当一部分家长是习惯于事事为孩子做出决定，而很少征求孩子的意见。一旦孩子不按照自己的想法做事或者选择，就会大加责备。你有没有想过，孩子也是有自己的思想的，在任何时候你都不应该剥夺孩子选择的权利，至少给孩子一次充分表达自己意愿的机会。

这个时候不妨带上你的孩子去超市购物，或者带着他去服装店看看衣服。你可以和他说出你对这些衣服的看法，然后选择权交给他自己。很多人说起话来比较强势，在要求孩子做事时，往往喜欢使用命令的句式。其实这种语气会让孩子觉得家长说话是"说一不二"的，自己是在强迫下做事，即便是同意做了，心里面也不高兴。不妨将命令式的语气改成启发式语气，这种表达方式会让孩子感觉到家长对自己的尊重，从而引发孩子的独立思考，按照自己的意志主动处理好事情。

老李被女儿生拉硬拽地来到了服装店，上了初中的女儿已经快要超过妈妈的身高了。这个周末本来打算陪隔壁的老刘下棋的，没有想到被女儿拉来买衣服。看着服装店门上面挂着红色的宣传标语才知道，原来今天是星期天，正好是父亲节。老李问："你为什么不让妈妈陪你逛街啊？"女儿笑着说："平时的饮食起居全由妈妈管，今天是父亲节，你应该学着当一个好的老爸了。"

说到这里，老李心里忽然感觉十分不好意思，自己平时工作忙，的确是忽略了女儿，真的有些亏欠她。陪女儿买衣服，也是第一次。

去年夏天，老李一家三口去逛街，女儿喜欢上了一款粉色的裙子。老李的妻子说："这裙子太短了，而且一个学生穿上它像什么样子，看上去就像个孕妇。"听到这句话，老李的女儿立马不高兴了，她气愤地说："妈妈，你怎么能这么说话呢？"老李在旁边，急忙抢着说："裙子是韩版风格的，眼光不错嘛。我觉得挺漂亮的。"听到爸爸的赞同，女儿立马高兴地跑过去搂住爸爸。

后来，女儿悄悄地告诉爸爸："其实我的腰有点粗，随意的韩版衣服正好能弥补我的不足。"女儿很高兴老李能够理解他，因为平时和妈妈出来逛街的时候，所有的衣服都是要经过妈妈的同意或者筛选才决定的。而且自己选择的衣服，在妈妈的眼中看上去就是不正常，不能好好穿的衣服。

但是在老李看来，女孩子长大了，有些主意该自己拿了。最简单的就是从逛街买衣服开始。今天老李被女儿带出来，选了一件很年轻的毛衣拿过来让老李试一下，老李愣了一下，笑嘻嘻地问："你要给爸爸买衣服吗？那你自己有钱吗？"女儿自信地点点头说："这些都是妈妈平时给我的零用钱，我自己攒起来的。"老李说："为什么给爸爸买这样的一款毛衣呢？太年轻了吧。"女儿笑着说："因为爸爸平时穿的衣服把你显得老了好几岁，都是妈妈给你挑的吧，我就是想让别人知道，我有一个年轻帅气的爸爸。"

通过自主购物比较容易建立起孩子的独立性，而且比较容易将孩子的积极性和热情激发出来，而且作为家长，你也有机会来培养孩子审美观和提高决策能力。而且孩子自己选衣服，他有机会接触陌生人，也有利于培养他的交际能力。而且孩子在开明的爸爸带领下，胆量会更大一些，会更加有勇气表达自己的想法。作为一个优秀的父母，在平时和孩子的交流中，要充分尊重孩子的个人意愿，不要在他们发表自己的看法的时候，随意地打断，即便是他有些词不达意，你也要让他用自己的语言表达出来，不要抢着做孩子的"代言人"。

Part 10

自我实现篇

保持至少每年一次旅行

安徒生说："旅行对我来说，是恢复青春活力的源泉。"旅行虽颇费钱财，却使你懂得社会。旅行能够让你受伤的心找到一个归处。

旅行有什么意义呢？旅行可不是单纯的拍照和享用美食，而是感受大自然的美妙和回味历史文化。大自然的容纳力是宽阔的，它能够让人们暂时忘却忧愁和烦恼，用自己的魔力让你深陷其中，唤醒你内心的愉悦。生活中，无论你的工作有多忙，你至少应该保证每年一次旅行。在现代社会工作、学习和生活的压力下，每个人难免会感到身心疲惫，产生职业倦怠。但倘若进行一次旅行，也许会让自己的心灵彻底地得到一次释放和解脱，一个人只有心灵上轻松，才能有一份发自内心的好心情，才会有一个健康的身体和一个好的人生。

短暂的休息也许能够让我们疲惫的身体恢复活力，但是精神上的压力却不能有效地释放出来。有专家建议，一场长时间的旅行，可以让一个人紧张的神经得到放松。但是你在选择旅行的方式时，一定不要为了节省时间，而选择"赶鸭子"式的旅行，这种方式不仅不会让人放松，还会让旅行结束后的人感觉更加疲累。每年一次旅行的想法一点都不奢侈，要知道如果你只是忙碌在工作的第一线上，人生的意义将失去一大半。你选择旅行的目的当然不是拍照留念、品尝美食那么简单，因为走马观花式的旅行并不能完全让人静下心来，你需要从大自然的美景和历史文化气息中，感受生命的真谛。

杰西是一个帅气俊朗的小伙子，他是国内某品牌保健品公司的网络观察员。生活日复一日，每天过得就像复印一般，让他开始怀疑自己的人生。他觉得自己的生活少了很多的激情，生活不应该是这个样子的，但是自己又苦恼于不能跳出来，始终在这种痛苦的生活里面挣扎。

一天，他和以前大学的兄弟开始讨论人生，他问："二哥，你觉得我们每天生活为了什么？"二哥听后不知道应该怎么回答。杰西又说："我觉得我们的青春都浪费在工作、赚钱和一些不必要的事情上了，我们应该找到自己的生活方式，至少不是现在这个样子的。"二哥若有所思地点点头，反问杰西："我也深有同感，但是你觉得要如何解决呢？"

杰西说："如何让心一直保持生命力，永远有向往，永远有憧憬，对我来说，就是看游记。看到血满的时候，就来一场旅行。"听到"旅行"两个字，二哥说："旅行的确不错，可是没有时间啊。"杰西说："那我就不管了，我打算下周就开始请假，如果老板不答应，那么我就辞职，任何事情都不能阻碍我的旅行。"

杰西的性格真的是雷厉风行，做起事情来也很果断。十几天后，又看到了一个精神饱满，阳光帅气的杰西了。他在 QQ 空间里面传了一些他的照片，美丽的风景和充满着历史的文化古迹，他好像又变回了以往的那个阳光帅气的男人。二哥问杰西说："出去玩得怎么样，有什么感想？"杰西说："出去的时候有一种从未有过的放松感，在旅行的期间抛弃所有的烦心事，让自己融入到大自然和美丽的景色之中，感受到了从未有过的放松。"

杰西还和二哥表示"以后每一年都要进行一次旅行，让自己完全放松，让自己抽出时间去亲近大自然，感受自己忙碌以外的世界"。

其实给自己一个机会，让自己保证每年一次的旅行，这对人的身心都十分有益。无论是哪一种旅行，在何处旅行，沿途的风景要么是秀丽璀璨，要么就是文化底蕴丰厚，或者一些民俗风情浓郁的地域。这些不同的风景，不同的感觉都能够给倍感压力的人们受伤的心一个归处，而且能够给人一种前所未有的体验。大自然是充满生命的正能量的，美丽的自然景观能够让我们赏心悦目，对于男人们的健康也有极大的益处。况且，人生本来就像一场旅行。旅行的途中布满荆棘，但是在这过程之中，也有美妙的风景。感受美妙的风景，给自己的心灵放个假，让自己有一个充满激情的人生。

我们至少保持一年一次的旅行，哪怕旅行中只有自己，让自己在这个旅行中，和自己真切地对话，照顾自己，倾听一下自己的声音。抛开以往的繁忙，看看自己如果没有那些俗事打扰，生活该是怎样的一番境界。

给自己种一棵植物

对于我们普通人来说，写一本书似乎并不是易事，而种一棵树并非难事，但是要种好一棵树，是难上加难。况且没有亲自去种一棵树的人，永远也不会明白，看着一棵属于自己的树苗茁壮成长，那是多么巨大的一种喜悦。

　　无论是男人还是女人，这一辈子里总应该为自己种一棵树。在葡萄牙流行这样一种说法：一个完人一生要做三件事，即生一个孩子、写一本书、种一棵树。可能很多人都会觉得很奇怪，人为什么非要种一棵树？其实种一棵树有三种象征，首先，它象征着顽强的生命力，你可以在这棵树的身上看到命运掌控在自己的手中。其次，它象征着怀旧的人，他们把经历过的往事看得很重要。以树为寄托，来存储自己的记忆。最后，象征着一种经历。

　　至少应该在自己的人生中，为自己种一棵树。你可以见证它的成长，体验到它是你的植物，你不能选择生命的公式，却可以选择生命的内容，开什么样的花，结什么样的果实，完全在于你自己。你也可以选择和自己的爱人一起种一棵树，象征着因为爱情而承担生活的责任；可以和孩子种一棵树，象征着生命的延续。同时，也可以依据自己的喜好种一株果树，然后悄悄地许下自己的愿望，每天辛勤的浇灌，和自己种下的树一起成长，一起经受人生的风吹雨打，一起体味人生的酸甜苦辣，一起品尝成功的种种喜悦。

　　小陈是一个成长在大山里的孩子，在山里面长大，他深刻地体会到了家乡贫穷和落后，他决心要到外面的世界去。当他要离开家乡去外面的世界的时候，母亲拉着他的手走向了家乡的后山，母亲说："娃，种一棵苹果树吧！你为什么想要到外面的世界呢？"

　　小陈说："家乡太落后了，我想到外面闯闯，我想让乡亲们脱离贫困。"母亲听后微笑着说："娃，在这棵果树前许下你的愿望吧，别忘了回来的路。"小陈就这样离开了自己的家乡。

　　在外面的世界，他吃尽了苦头，每当失意的时候，他就能想到家乡那棵自己亲手种下的苹果树，想起了自己许下的愿望。每一次当他想要退缩的时候，就会有一股无穷的力量促使他重新爬起来，向困难发起挑战。

很多年过去了，当年那个愣头愣脑的小男孩，如今已经变成了家喻户晓的企业家。但是他始终都没有忘记，自己曾经在一棵自己种下的苹果树前许下的愿望，要帮助家乡脱离贫困。还是那条山路，熟悉且又陌生。但是当小陈走到山路的拐角处时，出现了一棵苹果树。他的心在剧烈地跳着，欢乐与激动让小陈说不出话来。苹果树长高了很多，枝繁叶茂，果实累累。在树的下面，坐着一位苍老的妇女，她是男孩的母亲，这么多年，她都是自己每天都要来浇灌果树，眺望那条通向外面世界的山路。

"孩子，你的愿望实现了吗?"

"妈妈，我现在已经找到让乡亲们脱离贫困的方法了。"

种下一棵树，不仅仅是一种回忆，体现的更是一种责任与梦想。人的一生中，应该亲自种下一棵树，也许你努力拼搏，从此忘记了自己许下的愿望。也许你想起了一些人或事，但是一切都不重要了，是你自己种下的树却编织了你美丽的梦想。因为对于我们普通人来说，写一本书似乎并不是易事，而种一棵树并非难事，但是要种好一棵树，是难上加难。况且没有亲身经历去种一棵树的人，永远也不会明白，看着一棵属于自己的树苗茁壮成长，那是多么巨大的一种喜悦。

为自己种下一棵植物，其实这应该是一件很幸福的事情。也许你拼搏了很久，得到的不多，或者是你经历了很多事情，但是你身边始终不变的是那棵你亲自种下的植物，始终如一地关注着你。当你在意它，全心全意地关注它，你会发现它的每一种姿态，你会发现生命中的每一种变化都是为了成长。

你至少该有张驾照，无论你是否有车

无论你是否有车，你都应该考虑考一张驾照。

无论你现在是否有车，你至少应该考一张驾照。这就好比韩信当年背水一战一样，驾照都考下来了，你就没有退路了，剩下的时间你就是要拼搏了，争取不能让自己的驾照白白地考下来，你应该有部车了。有些人也许会觉得，我为什么要考驾照，等有车的时候我再去考，或者等我有实力买车的时候，再去考不可以吗？其实提前考驾照还有一层含义，那就是当必要的时候，有需要你开车的时候，你能够派上用上。

有了驾驶证，这个时候再去买一辆车，对于你自身来说就是很轻松的事情了。而且，车是一种社会的身份象征，驾驶证对于每个人来说极为重要。根据驾驶证申请的条件，其实还是有年龄限制的，如果你不抓紧考一张驾照，那么你很可能就会错过拥有驾照的机会。生活中，很多人都觉得时间还来得及，所以就一直拖着，到最后发现年龄超标，已经不能使用了，这不得不说是人生中的遗憾。

朱玉辉是一个刚刚毕业的大学生，在大学的时候很多同学都考驾照了。他没有去考，自己是从农村出来读大学的，而且考驾照要花一部分钱和学习的时间，最重要的是他认为自己完全不用开车，坐公交或者打车都是可以的。在大学时期，老师教驾驶课的时候，他没有交学费，所以他就去图书馆读书。大学毕业步入社会，没想到自己的第一份工作就是跑业务，而且需要开车进行。为了能够获得这份工作，朱玉辉撒谎说自己开车没有问题，但是却没有想到单位要检查驾照。由于朱玉辉撒谎被揭穿，他不仅没有获得这份工作，还被在档案上记录了撒谎这一恶习。

朱玉辉没有办法，找了一家快递公司，起初是负责登记，赚很少的工资。有一天有个快递员请假，老板让他帮忙去送快递，没想到朱玉辉没有驾照，而且连最简单的快递的小车都不会驾驶。老板狠狠地训了他一通，于是他决定自己要改行做销售。在做销售的时候看到同事们都计划买车，很多人都已经考完驾照了，就差买车了。结果大家问朱玉辉，没想到他根本就没有考过驾照，他打算买完车再考驾照。听到他的想法，很多人都无奈地笑了。

同事们打算一起去郊外野炊，朱玉辉没有车只能和别的同事挤一辆车，这个时候他才感觉到自己应该学会开车，然后拥有一辆自己的车子。他问同事小杨："小杨，你教我开车怎么样啊？"小杨说："好啊，一会儿郊外没有人，车又少，你过来开车，我在旁边指导。结果开起来的时候，朱玉辉觉得特别的爽，就是不愿意将车子还给小杨。小杨也就由着他了，没有想到的是前面200米处有交警，两个人只能祈求交警不要检查驾照，或者就那样顺利过关，没有想到侥幸心理果然不能有，朱玉辉因为无照驾驶被罚，而一同在车上的小杨也受到了处罚，同事们的野炊心情全部都被毁了。

我们不应该根据自己有车与否而决定去不去考一张驾照，而是无论你是否有车，你都应该考虑考一张驾照。而且能够开车也是现代化社会中一项技能，开车的你能够展现不一样的风采和魅力。

如果学历还可以再提升，可以试试再考一下

申晨说："学历代表你的过去，财力代表现在的努力，学习能力代表将来的成就。大多数人都想要改造这个世界，但却罕有人想改造自己。无论你在好单位还是一时不得志，都请你保持学习，这是你未来立足之本。"

学历现在是进入很多单位的敲门砖，你如果学历不高，但有机会提升的话，千万不要放弃，因为无论你怎么看待学历，在别人的眼中，能够提高学历，但是却不去提高，都是一种没有上进心的表现。正所谓"一证在手，万事不愁。"多考一个证，总是没有坏处的。有的人也许会说，现在的企业更加看重一个人的能力，其次才是学历。其实这种说法不过是那些不求上进者的一些自我安慰罢了。

如果你说你的知识丰富，博闻强识，但是当你被问及学历时，如果你的回答学历不是太高，那些戴着有色眼镜的人才没有兴趣继续深入了解你是否真的会有你自己描述得那么优秀，他们只是觉得你是在吹牛。学历其实很重要，学历代表一个人的学习经历和他所接受的教育程度，而他接受的教育程度也代表他的文化层次的高度；如果一个人没有经历过一定程度的教育，他的思想可能就欠缺一定的高度，那么在工作和学习中就较难完美地完成工作任务。

高鸿是一个初中毕业后很早就出来闯荡的人，他自己虽然没有

那么高的学历，但是在社会经验和工作经验上有自己独到的见解。刚刚初中毕业那会儿，一个人凭借着一腔热血，做了些小买卖，两年之后用赚到的钱开了一家自己梦寐以求的广告公司。广告公司里面雇佣了一些广告专业的大学生。

高鸿自己在心里面还是很佩服自己的，毕竟自己连高中都没有读过，但是现在却可以指挥着这些比自己学历高那么多的大学生。但是好景不长，随着周围有很多这样的广告公司开起来，而且很多先前给自己打工的大学生积攒了经验以后，都去自己做老板了。高鸿的广告公司最后开不下去，手上只有两名忠心耿耿的员工了。

为了最大程度地减少自己的开支和赔钱，高鸿给那两个员工一些钱，自己的公司就这样结束了。接下来他去了大城市找工作，因为大家都说大城市不看学历，只看能力。没想到找工作投简历，学历的基本要求都是大专或本科以上，自己投了半个月的简历，居然没有一家公司给自己打电话面试的。

为了养家糊口，为了生存，高鸿转战来到了建筑工地，开始了"民工"的艰苦生活。真的没有想到，自己有那么多丰富的阅历，偏偏因为学历的要求而被拒之门外，还要浪费自己的青春年华，干一些苦力。他心里面感觉十分不平衡，为什么一张纸就能决定一个人有没有能力胜任一份工作。

没有想到大家口中说的能力比学历重要其实就是一个谣言。这个社会上的人的确是看一个人的能力的，但是学历却是一个人的敲门砖。没有学历，没有人有兴趣知道你的能力，这就是一个事实。高鸿几经辗转，最后他回到了自己的老家，开了一家食杂店，那个想要开一个自己广告公司的梦终究是破灭了。

没知识的人跟有知识的人是有区别的，没有学历并不代表没有知识，高学历也不代表有知识。但是现在社会发展的趋势就是，你如果是一个有高学历的人，你就会拥有更多被挖掘的机会。可以说学历的重要性在于，它是一个跳板，没这个跳板，你就过不了这个槛。文凭和能力都同样重要的，文凭就像是"必需条件"，而能力是"绝对条件"就是这个关系。

你如果在参加工作以后，仍然有机会可以提升自己的学历，那么就一定不要放弃。至少高的学历可以给你带来很多的发展机会，即使你跳槽、辞职之后，在进入一家新的公司，高的学历同样就会体现出你的与众不同。所以，无论在任何时候，你必须知道能力很重要，学历也是同等的重要。

至少体验一次失败的感觉

Bluefly.com 的创始人兼 CEO 肯・塞福说："作为领导人，最好的锤炼方法是失败。没有什么比经历失败更能锻炼人了。"障碍与失败，是通往成功最稳靠的踏脚石，肯研究利用它们，便能从失败中培养出成功。

泰戈尔曾说："只有经历地狱般地磨炼，才能练出创造天堂的力量；只有带血的手指，才能弹出世间的绝唱。"磨炼是人生的一大笔宝贵财富。脑筋越磨炼越灵活，心灵越磨炼越透彻；四肢越磨炼越发达，意志越磨炼越坚毅。每个人都会遇到一些挫折或者失败，没有一个人的人生是一帆风顺的。当一个人经历了那些灾难或者挫折失败的时候，往往自己的能力就会获得提升，那么距离自己的成功也就近了很多。作为一个优秀的人，你至少在你的人生中，品尝一次失败的感觉，让自己得到磨炼。

好好品尝一次跌到谷底的感受。把自己逼到墙角时，往往是把人生看得最清楚的时候；真正的勇者唯有越过层层荆棘，才可能超越自我。现在社会上的很多人，在大学毕业后，有家里面的帮助，有朋友的支持，有一个好的机遇，很多人几乎都没有尝试过太大的失败。其实这并不意味着就是好事。孟子说："生于忧患，死于安乐"只有经历了生活中的那些挫折或者失败，你才可能知道自己有什么不足。而且一个人如果没有经历过失败，不知道失败是什么滋味，那么他在得到成功的时候，也不会有太多的喜悦。人们总是喜欢对那些得来不易的东西珍惜，如果一个人没有经历过失败，那么便不懂得珍惜自己获得的成功。

周小舟是一个不可一世的人，平时身边的朋友都是这样评价他的。因为他生活在优越的环境之下，身边还有一些朋友的支持，无论做什么事情都显得异常轻松和简单。可以这样说，在他的人生20多年中，他甚至没有经历过什么大的失败，只要是他想得到的，他想要做的，他总是很轻易就能得到满足。

在周小舟的眼中，即使没有父母朋友的帮助，自己一样可以获得成功。他虽然很自信，也有一部分的经验，但是第一份自己要去完成的事情，他却失败了。这一次的失败让他觉得天塌地陷，因为爸爸给他的钱，他全部都投入了股市，现在却一分钱都没有了。

周小舟整日躲在自己的家中，不愿意出来见人。他觉得自己失败了，是一件很丢脸的事情。他整天喝着酒，让酒精麻痹自己。爸爸和妈妈不在国内，朋友现在有的也不再帮助他，甚至有些人已经装作不认识他了。他觉得自己的世界一片黑暗，不再有任何的光芒。

周小舟的前女友打电话来："小舟，你不要这样，不就是一个失败吗，不就是钱没了吗？你不是还在吗，一个男人能不能像点样子，经历点小挫折就哭天抹泪的，像个爷们的样子吗？"周小舟的伯伯打电话来说："小舟，经历了失败说明你以前不够自立，而且你轻视了自己面临的问题，只要你重新站起来，不向困难低头，没有人会笑话你的。"

听了伯伯的话，周小舟开始重新振作起来，总结上次失败的经验，周小舟避免了重蹈覆辙，果然获得了成功。他发现这一次的成功，自己拥有了前所未有的快乐和满足感。而且这一次的成功是自己努力的结果，没有任何人的任何提点。

在这个世界上，没有完全平静的大海，每个人都会经历被海浪掀翻或者被海风吹拂。只有经历了这些困难，只有经历了这些失败，你获得的成功才是最宝贵的，因为你知道它的来之不易。而且每一个遭受困难的人都修炼成了一套自己的防止失败的办法，他们用自己曾经经历过的失败，将自己练成了刀枪不入的战士。俗话说："海蚌未经沙的刺痛，就不能温润出美丽的珍珠。"的确是这样，一个没有生活磨砺的人，他的本身就是一场灾难。优胜劣汰，适者生存，人总是生存在无忧无虑的空间中，会让他本身的能力一点点的退化，最后遭到淘汰。

每个人都要在人生中品尝一下失败的味道，失败并不意味着灾难，也许仅仅是下一次新的开始。有句话说："人生如茶，不能苦一辈子，但总要苦一阵子。"失败其实也是这样，当你经历了一次失败，那么你的心就被坚强了几分。当你经历了更多的失败，你就会慢慢地变成一个完美的人，因为失败中你已经知道了自己有什么不足。

每天给自己设定一个小目标，然后实现它

> 万石谷，粒粒积累；千丈布，根根织成。成功是从决定去做的那一刻起，延续积累而成。任何业绩的质变都来自于量变的积累。

每个人的人生都应该有目标，但是如果目标定位太空太大，那么就很难实现，久而久之就会丧失对成功的信念。如果自己的目标太小，很容易得到了满足，时间久了就会享受安乐，不思进取。老子的《道德经》中有这样一句话："合抱之木，生于毫末；千层之台，起于累土；千里之行，始于足下。"可见无论是什么样的目标，都是需要一点点去完成的，任何人都不可能一口吃成一个胖子。目标对于人生来说是重要的，法国现实主义作家罗曼·罗兰曾说："人生最可怕的事情，就是没有明确的目标。"这就犹如你在一片伸手不见五指的漆黑环境中，没有灯的照耀，只能凭借着感觉，一步步地摸索，寻找门的方向。

你如果想与众不同，应该给自己的人生设定目标。你可以将你的大目标化解为许多小目标，一步步地实施，这样则更容易获得成功。高瞻远瞩的目标不是在出生时就定位好了的，而是在实践中由

一个个具体可行的小目标积累起来的。很多人生中可望不可即的目标，都在各个击破的方法下屈服了。美国著名思想家、文学家爱默生曾经说过："一心向着自己目标前进的人，整个世界都给他让路。"你应该每天都给自己设定一个目标，然后去完成它。因为一个又一个的小目标串起来会成就你一生的大目标。

有一位82岁的老人独自步行从广州到了西藏。在路上，他可谓经过长途跋涉，克服了重重困难，终于到达了自己的目的地。

这位老人的举动吸引了当时大量的媒体记者，大家都想去采访他。大家很是好奇，问他是如何鼓起勇气，徒步走到这里的？这路途中的各种艰难是否曾经吓倒过他？

"徒步这么遥远的路程，对于我们年轻人来说，几乎都是不敢想象的，我们觉得您就像一个奇迹，能告诉我们您是怎样做到的吗？"一位男记者抱着极大的好奇心问。

"走一步路是不需要勇气的，"老人回答说，"我所做的就是这样。我先走了一步，接着再走一步，然后再一步，我就到了这里。"

的确，做任何事，只要你迈出了第一步，然后再一步步地走下去，就会逐渐靠近最终的目的地。利用分割法，化整为零，一点点向前逼近。把途中的每一点连成一条直线，它的终点既是成百上千个"点"中的一个，更是那个终极目标的达成地。这成百上千个"点"就是众多的小目标，它自然而然地就会铺就成一条成功之路。

正所谓："冰冻三尺非一日之寒"，一旦自己的心里面有一个大的目标，那么你只需要低下头来，一步步地实现它就可以了。任何事情都不是一蹴而就的，都需要一点点的实践。有些人说自己要游遍祖国的大好河山，但是中国的景区有那么多，你又不能一下实现，不妨每一年去三个地方，这样慢慢地你的想法就得到验证了。

你要将自己的每一步目标都控制在自己的预见和操纵的范围内，这样你才能清晰地处理每一个问题。你要知道上一个目标是下一个目标的前提，下一个目标将升华成上一个目标的结果，当你实现了这一个个的小目标，你的大目标的实现将会是水到渠成的事情。

尝试一次不进食，体验饥饿的感觉

萧伯纳说："一个人只有经过东倒西歪的、让自己像个笨蛋那样的阶段才能学会滑冰。"实践出真知，有知识的人不实践，相当于一只蜜蜂不酿蜜。不亲自体验一次饥饿的感觉，怎么能切身地体会到浪费粮食的可耻。

现在人们的生活水平日益提高，很少有人能够体会到挨饿的感觉了。其实每个人都应该尝试一次不进食，体验一次饥饿的感觉。不仅仅是男人，还有女人和孩子。平时呼吁很多人要节约和珍惜粮食，但是并不是每个人都能做得到。只有尝试过挨饿了，你才知道当你饿的时候有饭吃，就是一种幸福。"世界粮食日"就是为了更好地警醒世人"丰年不忘灾年，增产不忘节约，消费不能浪费"，提高爱粮节粮意识。

其实，主动"找饿"，并非是吃饱以后矫情的表现，而是为了唤醒饥饿的记忆，在忧患与警醒中远离粮食危机。我们的目的是防患于未然。体验饥饿的感觉是为了珍惜自己的幸福，不挥霍浪费，每个人都能够做到"饱汉不忘饿汉饥"，深情关心那些仍然处于饥饿中的人。饥饿感是当代社会良好精神的润滑剂，男人去体验饥饿的目的，不只是去饿肚皮，其实还要精神上也达到那种"饥饿感"。朱柏庐《治家格言》曰："一粥一饭当思来处不易；半丝半缕恒念物力维艰。"时至今日，吃饱饭对于很多人来说已经不成问题。然而在满足基本的需求之外，人们往往忽略了粮食的重要性。

潘敏军是个"90后"的男孩，今年大学毕业后刚参加工作，他平时生活非常有规律，一日三餐也很准时。但是当被问到挨饿的感觉时，他很害羞地问："要饿多久？我小时候有一回妈妈不在家，我饿了就找了一袋饼干，坚持了一天。"单位的领导听到后，笑着说："明天是世界粮食日，要一天都不进食，你能做到吗?"潘敏军说："我平时营养都健康，对于体验饥饿可能不会有什么身体上的影响。"

而且"90后"的潘敏军是学食品营养的，很清楚饿24小时内不完全断粮断水，是不会有太大问题的，也不会影响正常的生活、工作和学习。饿了一天晚上可能会失眠，至少不像平时那么"生龙活虎"。为此，潘敏军做好了各种准备，前一天晚上还提前一小时入睡"养精蓄锐"。他虽然是一个"90后"，但是思想却很前卫和开明，他觉得对于体验饥饿这种方式非常有必要，一个人只有切身感受到那种饥饿感，才能更加珍惜。

当时街上有很多人都看过了宣传单，觉得的确是应该节约粮食，不要浪费。但是挨饿的感觉就没有必要了，实在是有点作秀之嫌。但是潘敏军却觉得这种体验跟发宣传单不一样，宣传单看了可能就过了，但真实的挨饿的感觉是切身感受。只有体会到缺少的感觉才会更加珍惜，这种滋味，他会记很长一段时间！

有饥饿感的是从早上起床开始的，因为没有吃早饭，潘敏军拼命喝水。为了保证自己的试验能够成功，他自觉地避开了食堂，直接进入办公室开始工作了。早上没有吃饭，潘敏军嚼了一块口香糖，中午的时候趴在桌子上小憩了一会儿。等到下午的时候，他饿得一句话都不想说，而且那种从来没有过的饥饿感袭上心头，自己连水都不想喝。

晚上回家的时候，桌子上有一些小零食，但是自己咽了咽口水忍住了。为了减少饥饿感，自己比往天早一个小时就开始睡觉了。当他在一次回忆自己的饥饿感时，他说："无论别人是否觉得我在作秀，我都亲自体验到了那种饥饿的感觉。"

在平时的生活中，很多人都口口声声地说自己能够节约粮食，实际上每天都是一如既往地浪费。每个人都应该体验一下挨饿的感觉，这样才能让自己更为珍惜当下的生活，对周围的一切充满感恩。你可以体验一次挨饿的感觉，看看自己不进食时，你脑海中想到的是什么，你自己曾经因为爱好面子而扔了多少粮食，这样才能养成勤俭节约良好习惯，也有助于提升你的个人修养。

听一次现场的音乐演唱会

哲学家克尔凯郭尔说："音乐是最具感观和最性灵的艺术。我们生活的进程，是一个收拢灵魂的过程，因为在创世纪那天我们的灵魂散落于各处。而音乐可以帮我们辨别并收集遗忘的、失落的，或我们所不了解的自我。"

也许你并不是某位明星或者大牌的粉丝，你对音乐也没有那么特殊的感情和爱好，但是人生活一次，你应该听一回现场的演唱会，演唱会的现场那种激动和共鸣是在家里面永远体会不到的。尤其是你的生活开始进入枯燥无味或者纷繁复杂，不妨让自己听一回现场的演唱会，找一个自己比较有感觉的歌手的演唱会，释放一下自己的情绪，当酣畅淋漓的感觉冲向了头顶，你才会感觉到，人生有些时候需要寻求刺激。在自己需要发泄自己情绪的时候，需要放松的时候，一场现场的演唱会会让你感到意犹未尽，前所未有的轻松。

音乐，一直是最能够震撼灵魂的手段之一。在中国古代，孔子就已经提出了"礼乐教化"的概念，把音乐的作用提高到了和儒家最重视的"礼"相同重要的高度。所以，一个人开启心灵，发泄情绪，寻找心灵慰藉的最好方法之一就是倾听音乐，而演唱会那种独特的氛围又会把音乐的作用放大无数倍。在音乐会中，会有无数人沉浸在同样的音乐之中，一起被唤起内心的记忆。这个时候一个个体的情绪就会渐渐融入集体之中，使得情绪释放得更彻底，心灵的慰藉也更强烈。

另外，根据科学家的实验，音乐会是最能够激发人们大脑中负责"幻想"部分功能的手段之一。在一个大型的音乐会上，你可以大胆地发泄自己的情绪，会再次清楚地认知自己的理想，对自己的未来有一个更高层次的理解，使得梦想的意义更为突出地在脑海和心灵之中展现，成为日后的继续前进的动力。

小黄是某家跨国公司的高级主管，同时也是一个工作狂，平时顶多在飞机上听一听音乐，他自己从来没有想过会参加现场演唱会。因为在他看来，参加演唱会是那些年轻的男孩子、女孩子们干的事情，自己年纪不轻了，又不是哪个明星的疯狂粉丝，没有必要花大价钱去抢那一张门票。

但是，工作的压力使得小黄的精神状态不是十分好，他最近感觉烦躁、易怒、心神不宁。看过心理医生之后，心理医生给他的建议是去放松一下，看一场演唱会，调节一下心态。于是小黄便买了一张演唱会门票。在演唱会里，小黄一反常态，居然被感动得泪流满面，勾起了许多几乎要忘记的往事，而且他情不自禁地和很多年轻人一起挥舞着荧光棒，轻声哼唱。

这个夜晚让小黄彻底放松下来。回到工作岗位后，小黄开始花时间来多陪陪家人与朋友，多留意生活中美好的事。同时小黄更加坚定了自己要成功的梦想，工作状态好了以后，工作效率也提高很多。不久，小黄就得到了他渴望已久的升职。

通过上面的故事我们可以看出，演唱会不仅仅是青年人的专利，也不是浪费钱财的没有用的举动。相反，演唱会把一大群有着共同爱好的人聚在一起，让他们在同一首歌去共同体味着相似而又不同的心情，能够对一个人的心灵的放松和想法的改变都起到巨大的作用，而这些作用是 CD、MP3 等任何工具之中所播放出的音乐都替代不了的。

外国一位歌手说过："每一个人经历过舞台上灯光闪耀，掌声雷动的情景时，都会触发心中的一个梦想。这个梦想可能是想当一个一样万众瞩目的明星，可能是想成为一个一呼百应受人敬仰的英雄，可能是成为千万人之上的成功人物，可能是变成富甲一方、可以随便帮助别人的有钱大老板。但是，不可否认，他们都会被这样的场景感动，他们都会为那雷鸣般的现场欢呼声和火一样的现场气氛感染，并且自己也加入这个队伍。这就是现场演唱会的魅力！"

诚然，如果说世间能够放下心灵的负担，放下世俗的困扰，放下平常的羁绊，真正放松自己的所在，那么音乐演唱会会成为其中之一，如果世间有能够激发梦想，让梦想展翅飞翔的所在，演唱会也一定是其中之一。

没有到过演唱会现场，就不会体验到那种感觉，没有到过演唱会现场，就不会感受到那种气氛，所以，优秀的人应该在有生之年参加一次值得的现场演唱会。